AF462566

COSMOGONIE

OU

GÉNÉRATION DE L'UNIVERS.

Les observateurs recueillent : les faits s'accumulent, comme les matériaux d'un édifice, et attendent l'homme de génie qui doit être l'architecte du monde.

BAILLY, *Histoire de l'Astronomie.*

Qui sait, si de nos jours on ne découvrira pas la génération de l'univers?

LEVERRIER, *Cours d'Astronomie à la Sorbonne*, 1847.

COSMOGONIE

OU

GÉNÉRATION DE L'UNIVERS,

PAR LE COLONEL AUBERTIN,

Ancien élève de l'Ecole polytechnique, ancien officier d'artillerie.

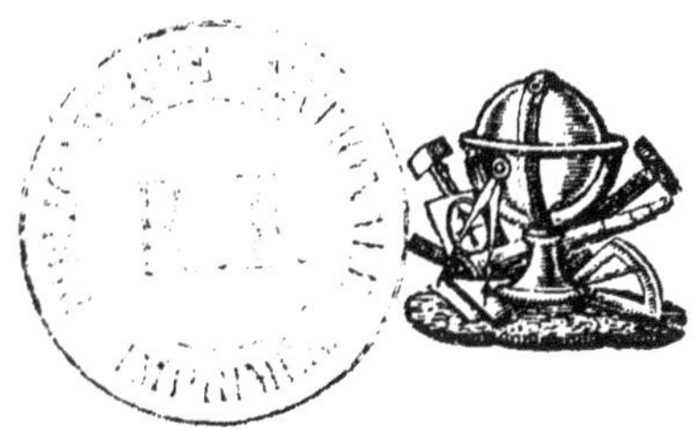

METZ.

IMPRIMERIE DE S. LAMORT, RUE DU PALAIS, 10.

MARS 1848.

PRÉFACE.

Étant directeur d'artillerie à Valenciennes en 1840, et ayant des loisirs, je m'occupai de sciences naturelles et je découvris la génération du système solaire. Plus tard, ayant lu la Notice scientifique du savant Arago sur la vie et les travaux d'Herschell, j'y vis de nouveaux faits et j'en trouvai les causes. J'ai pris successivement connaissance des notices scientifiques publiées par notre illustre astronome, et l'explication des nombreux phénomènes célestes qu'elles contenaient, découla tout naturellement de ma théorie. Depuis il n'a plus paru de notices de cet auteur. Je viens en conséquence, faute de nouveaux sujets de recherche, de rédiger les résultats de mes découvertes antérieures.

Je ne les publierais cependant pas encore, sans une

crainte puérile peut-être, dont je vais faire l'aveu. Depuis huit ans, j'ai communiqué ma théorie à beaucoup de personnes, soit dans l'artillerie, soit dans le génie, soit dans le monde savant. Eh bien! je crains qu'on en ait fait part à quelqu'un, qui s'approprie mes idées et les publie sous son propre nom.

Le lecteur s'apercevra de suite que mon style est loin d'être brillant. J'éprouve à la vérité du plaisir à jeter mes idées sur le papier; mais j'ai une répugnance invincible à châtier une rédaction, et j'ai dû opter entre publier ma découverte, ou la garder pour moi. Je me suis dévoué.

Je m'imagine que souvent je pourrai paraître obscur, mais en voici la raison : N'ayant pas l'intention de vendre mon travail, j'ai voulu par raison d'économie le faire le moins volumineux possible, comptant d'ailleurs sur l'intelligence des lecteurs d'élite, à qui je l'adresserai. Je préviens ceux d'entre eux, qui ne connaîtraient pas les notices scientifiques d'Arago, de lire celles qui traitent de sujets d'astronomie. J'aurais pu faire ma rédaction de manière à ne pas rendre cette lecture indispensable ; mais il aurait fallu faire un ouvrage très-considérable, au lieu d'une simple brochure et j'aurais dépassé, pour le faire imprimer la somme que j'y veux consacrer. Plus tard, si mon travail est accueilli avec faveur et qu'un libraire veuille l'éditer, je le rédigerai avec plus de développement, de telle sorte qu'un lecteur quelconque puisse le comprendre, sans avoir recours à des ouvrages d'astronomie.

Je prie chacune des personnes qui recevront un exemplaire de ce travail, de le communiquer à toutes celles de sa connaissance, en état de le comprendre. On me fera grand plaisir de me donner des conseils et des avis qui puissent me servir, quand je ferai une rédaction plus complète de ma Cosmogonie (1); c'est surtout aux officiers d'artillerie que je m'adresse. Ce sont selon moi, les juges les plus compétents de l'œuvre d'un camarade qui a fait les mêmes études qu'eux, qui sort des mêmes écoles, s'est occupé des mêmes recherches et a passé sa vie avec eux. D'ailleurs, la Cosmogonie a cela de commun avec l'artillerie, que, si la deuxième s'occupe du mouvement des projectiles dans l'air, la première considère celui des astres dans le ciel. En outre, selon ma théorie, les planètes et leurs satellites sont des projectiles lancés par un gros canon, le Soleil, dans un milieu résistant, la nébulosité solaire, avant sa précipitation. Le mouvement de translation de cet astre en est le recul, et la force volcanique y joue le rôle de celle qui est développée par l'inflammation de la poudre. D'après ces rapprochements, on conçoit que j'aie voulu d'abord intituler mon travail : *Balistique céleste*.

Les astronomes ont bien constaté les mouvements des astres ; mais ils ne sont jamais remontés à la force qui les a imprimés. La découverte de cette force était donc dévolue à un artilleur ; c'est en effet un artilleur qui a découvert la génération des astres et la force qui les a fait mouvoir. Questions inséparables.

Si mon travail a l'approbation de l'artillerie, je serai au comble de mes vœux ; car il y a dans cette arme, selon le dire d'un officier très-spirituel qui en fait partie, de quoi composer dix instituts très-capables et je suis persuadé qu'il y a trois cents officiers d'artillerie qui eussent fait ma découverte, si le hazard eût dirigé leurs recherches sur ce sujet, et combien j'en connais qui, s'ils l'eussent faite, l'auraient présentée de la manière la plus satisfaisante.

COSMOGONIE.

La Cosmogonie, étant la connaissance de la génération de l'univers, est le nom d'une science qui n'est pas encore créée. Nous pensons avoir découvert cette génération. Cette science comprend comme cas particulier, la formation de notre système solaire. Laplace a traité cette question ; mais avant de faire connaître ma solution, j'éprouve le besoin de me justifier de la témérité, d'aborder un sujet, dont ce savant immortel s'est occupé avant moi.

Pour cela, j'exposerai rapidement le système de cet astronome, sans y joindre les explications qu'il en donne.

Il suppose le Soleil entouré d'une nébulosité immense, tournant ainsi que lui autour d'un axe. Cosmogonie de Laplace.

Il se forme successivement dans le plan de l'équateur, aux dépens de la nébulosité, autant d'anneaux de vapeur, qu'il y a de planètes dans notre système, et chaque anneau a une vitesse de rotation proportionnelle à sa distance au Soleil.

Chacun se disloque en un nombre indéterminé de parties. Chaque partie, par le fait de l'attraction, perd sa forme annulaire et devient globulaire ; ce qui donne autant de sphères de vapeur, qu'il y avait de portions dans l'anneau.

Chacune de ces sphères a un mouvement de rotation, autour d'un axe normal au plan de l'anneau et dans le même sens.

Toutes ces sphères se réunissent en une seule, qui tourne autour du Soleil et a un mouvement de rotation autour d'un axe normal au plan de son orbite.

Chaque sphère, résultant d'un anneau, est l'état primitif d'une planète, qui consiste ainsi en une nébulosité sphérique de vapeur. Il s'y forme, par suite de l'attraction, un noyau liquide, et la planète est ainsi dans le même état, où l'on a supposé le Soleil.

Pour certaines planètes, il se forme dans le plan de l'équateur, aux dépens de la nébulosité, un ou plusieurs anneaux dont chacun engendre un satellite, de la même manière que la nébulosité solaire a donné naissance aux planètes.

Dans la planète Saturne, un de ces anneaux de vapeur, très-près de la surface de l'astre ne s'est point disloqué, il s'est liquéfié, puis solidifié et a produit autour de cet astre une couronne, qui s'appelle l'anneau de Saturne.

Nous ne nous permettrons aucune réflexion sur

cette théorie; nous nous bornerons à citer textuellement ce qu'en dit le savant Arago dans sa Notice scientifique sur les travaux de l'auteur de la Mécanique céleste :

« Laplace présente ses conjectures sur la formation
» du système solaire, avec toute la défiance que doit
» inspirer tout ce qui n'est pas le résultat du calcul et
» de l'observation.

» Peut-être doit-on *regretter* qu'elles n'aient point
» reçu de plus grands développements, surtout en ce
» qui concerne la division de la matière en anneaux
» distincts. Peut-être est-il *fâcheux* que l'illustre au-
» teur ne se soit pas suffisamment expliqué, touchant
» l'état physique primitif, l'état moléculaire de la
» nébuleuse, aux dépens de laquelle se seraient for-
» més le Soleil, les planètes et les satellites de notre
» système. Peut-être doit-on *déplorer* que Laplace
» ait cru devoir passer *légèrement* sur la possibilité
» *suivant lui* évidente, de mouvement de circula-
» tion, résultant de l'action de simples forces attrac-
» tives, ETC. »

Les mots qui sont en italique et l'etc. qui est en majuscules, sont ainsi imprimés par nous, pour montrer qu'il y a bien d'autres objections à faire à la théorie de Laplace.

Peut-on faire avec plus de ménagement une critique plus complète d'un système; mais on ne pouvait agir autrement, quand ce système est dû à l'auteur de la Mécanique céleste.

Si je cite ici ces paroles, c'est qu'ayant communiqué

ma théorie à des personnes haut placées dans la science, on m'a répondu, qu'elle n'était pas bonne, parce qu'elle était contraire à celle de Laplace. Pourtant, Laplace lui-même n'a présenté la sienne qu'avec la défiance modeste, qui est l'apanage du génie, et s'est écrié peu d'instants avant sa mort : « *Ce que nous savons est peu de chose, ce que nous ignorons est immense.* » Par ces paroles, l'immortel astronome laisse un champ libre à ceux qui voudront faire des découvertes dans les sciences naturelles.

J'avoue pourtant que si, quand, en 1840, j'ai cherché la génération du système solaire, j'avais eu connaissance de la note où il expose sa Cosmogonie, je me serais borné à étudier son système et je n'aurais pas osé en chercher un autre. Si donc ma théorie est bonne, on la doit à mon ignorance de cette note, qui termine son Exposition du système du monde.

Ainsi, je me trouve lavé de toute façon, du reproche d'avoir après Laplace, recherché la génération de notre système solaire.

Avant d'exposer ma Cosmogonie, je crois devoir faire connaître mon opinion particulière sur les matières qui composent les corps célestes.

Des matières composant les corps célestes.

Selon moi, il n'y a que deux matières essentiellement différentes ; l'une que je nomme inerte et passive, l'autre que j'appelle motrice ou active.

La matière inerte est toujours combinée avec la matière motrice, qui est ce que les astronomes appellent l'éther.

C'est l'éther, qui, suivant ses différentes proportions avec la matière inerte, donne aux corps simples et composés leurs différentes propriétés que considèrent les physiciens et les chimistes.

Les corps simples, le cuivre et l'étain, par exemple, sont des composés de ces deux matières, en proportions différentes. Cette pensée a dû être celle des alchimistes, qui ont rêvé la transformation des métaux.

L'éther libre remplit les espaces célestes ; son poids, car il en a, n'est pas appréciable.

Il produit dans les corps inorganiques les phénomènes lumineux, calorifiques, électriques, magnétiques et galvaniques. Il fait végéter les plantes, il donne la vie aux animaux et l'entretient. C'est son action sur les organes de ceux-ci, qui produit l'intelligence et les passions chez l'homme, et l'instinct plus ou moins développé chez les autres animaux. En un mot c'est l'agent de tous les mouvements, de toutes les pensées. Car la pensée est un certain mouvement de l'éther produit par celui qui pense, ce mouvement se communique de proche en proche à travers l'espace, malgré les obstacles, à une personne quelconque, pourvu que ses organes soient assez délicats pour le percevoir ; ce qui explique le magnétisme dépouillé de charlatanisme.

— L'éther est partout dans les espaces célestes, il se trouve dans les atomes les plus ténus, qui composent les astres.

C'est son action qui produit l'attraction que tous les corps exercent les uns sur les autres et la gravité universelle. Et ici, osons dire toute notre pensée :

en vain l'éther combiné avec la matière inerte dans les astres et celui qui n'est qu'engagé dans ces corps, tendraient à les faire rapprocher les uns des autres; aucun mouvement ne serait produit sans le concours du fluide éthéré qui les sépare. Selon moi, c'est donc par l'action simultanée de l'éther renfermé dans les corps et de l'éther libre qui remplit l'espace, que les astres s'attirent en raison directe de leurs masses et inverse des quarrés de leurs distances. J'avais toujours espéré trouver la démonstration de cette loi mathématique, mais aucune inspiration ne m'étant survenue à ce sujet, je laisse à d'autres la recherche de cette démonstration.

Une personne, qui s'occupe de sciences, m'a dit que récemmennt on avait reconnu, ou qu'il n'y avait point d'éther, ou bien que, s'il existait, il n'avait aucune influence sur les phénomènes célestes. Nier l'éther serait non-seulement un pas rétrograde fait par la science, mais ce serait commettre une impiété. Comment, Dieu ne serait pas partout? Le néant régnerait donc sur la plus grande partie de l'espace; car le volume des corps célestes est presque infiniment petit par rapport à l'étendue de cet espace, où ils se meuvent. Non, Dieu est partout, et pour qu'il soit partout, il faut qu'il y ait partout quelque chose. Ce quelque chose, c'est l'éther, c'est la force, c'est l'esprit, c'est Dieu lui-même.

Après cette digression, abordons le sujet que nous avons d'abord en vue; savoir : la formation de notre système solaire. Nous prévenons que, pour l'expliquer, nous ne supposerons d'abord que deux choses, la force attractive de la matière et la force expansive des gaz.

Le Soleil, la Lune, les planètes et leurs satellites, ainsi que les comètes, qui composent notre système solaire, n'ont pas toujours existé, tels que nous les voyons aujourd'hui; à une certaine époque, la matière, dont ces astres sont composés, était disséminée dans l'espace.

Reportons-nous à ce temps et à cet état de la matière que je nomme le chaos.

Admettons, pour simplifier l'explication, que vers le centre de l'espace, occupé par la matière, il se trouve un point matériel plus puissant que les autres, un foyer d'attraction, un germe, si l'on veut, que sais-je, un fort débris d'un monde précédent, qui n'aura pas été entièrement broyé, converti en gaz.

Génération du Soleil.

Ce foyer ou centre d'attraction condensera la matière près de lui et par l'action prolongée de la force attractive, toute la matière formera autour de ce centre une vaste nébulosité, dont la densité décroîtra, à partir de ce centre et qui, occupant un moindre volume, laissera en dehors un espace où il ne restera plus que l'éther libre.

Ses divers états.

Ce sera le second état de la matière, laquelle constituera déjà un astre, que nous supposerons le Soleil.

La condensation se prolongeant, il se formera au centre de l'astre un noyau liquide, entouré d'une vaste nébulosité. C'est le troisième état de la matière solaire.

La surface du noyau liquide, se refroidissant, il s'y formera une écorce, ou croûte solide, dont l'épaisseur ira sans cesse en augmentant. Ainsi, l'astre sera composé d'un noyau liquide central, d'une écorce solide, environnée elle-même d'une vaste nébulosité. Ce qui constituera le quatrième état du Soleil.

Par suite de la condensation, ou mieux de la fusion d'une partie de la nébulosité, qui entoure l'écorce solide, il se précipitera un liquide * qui formera autour de cette écorce une couche concentrique. L'astre se composera alors d'un noyau central liquide, d'une écorce solide, d'une couche liquide, et enfin d'une enveloppe nébuleuse. L'astre sera alors parvenu à son cinquième état.

Ce refroidissement progressif de l'écorce solide produira dans son épaisseur des gerçures, ou des crevasses, ou plutôt ces vides auront déjà été formés pendant la durée du quatrième état du Soleil. Quoi qu'il en soit, le liquide extérieur s'y introduira; sa pression sur le fond de ces crevasses le fera céder. Le liquide pénétrera sous l'écorce solide, passera à l'état de gaz par l'action de la chaleur centrale et produira dans l'écorce des soulèvements et des affaissements; ce qui donnera naissance à des continents, des mers et des lacs. Ce sera le sixième état du Soleil. Pendant sa durée, l'écorce solide, devenant plus résistante et les crevasses s'approfondissant, le fluide

* Plus tard, nous ferons connaître la cause qui produit ce précipité.

marin s'introduira de nouveau sous l'écorce, produira d'énergiques soulèvements, d'où résulteront les montagnes.

Mouvement de translation du Soleil.

Admettons, que sur le sommet d'une de ces montagnes se trouve un volcan en éruption, qui lance pendant un temps considérable une masse énorme de lave, dans une direction qui passe par le centre du Soleil, c'est-à-dire qui soit normale à sa surface. L'astre reculera et ainsi prendra dans l'espace un mouvement de translation dans une direction opposée à celle du jet. C'est de cette manière qu'a été produit celui que l'on a reconnu dans le Soleil.

Quant à la matière projetée, elle se meut indéfiniment dans l'espace, si elle a été lancée avec assez de force, pour vaincre la résistance du milieu nébuleux et l'attraction du Soleil. Dans le cas contraire, elle est retombée sur cet astre et lui a imprimé un nouveau mouvement de translation dans le même sens que le premier. Il ne faut pas beaucoup réfléchir, pour reconnaître, que c'est le dernier cas qui a eu lieu.

Dans tout ce qui va suivre, nous ne parlerons plus du mouvement de translation du Soleil, parce que tous les phénomènes, que nous aurons à expliquer, se passent comme si cet astre était immobile.

Actuellement, concevons, qu'il y ait sur la surface du Soleil une chaîne de montagnes vers le milieu de laquelle se trouvait le grand volcan, dont nous venons de faire mention en dernier lieu et supposons que cette chaîne coure du nord au midi et qu'à l'orient et à l'occident de cette même chaîne la mer ait d'immenses profondeurs. Imaginons que du côté de l'occident le fond de la mer cède sous la haute pression du liquide marin, que ce fluide pénètre sous l'écorce solaire, y passe à l'état de gaz, perce sur le versant oriental de la montagne et dans le plan de l'équateur, un cratère suivant une direction peu inclinée par rapport à la normale, et lance d'occident en orient un jet continu d'une immense longueur.

Premier mouvement de rotation du Soleil d'orient en occident.

La réaction de la force, qui a produit ce jet, aura deux effets : premièrement, elle imprimera au globe un mouvement de rotation d'orient en occident, autour d'un axe, normal au plan passant par le centre de l'astre et la direction de la force, c'est-à-dire normal à l'équateur; secondement, elle communiquera au Soleil un mouvement de translation, comme si la force était transportée parallèlement à elle-même au centre du globe.

Si, pendant la durée du jet, l'astre fait un nombre entier de révolutions complètes, la force qui produit le mouvement de translation, prend toutes les directions possibles, par rapport à une droite fixe, située dans le plan de l'équateur, et les vitesses de translation communiquées dans un sens sont détruites par les vitesses égales et en sens opposé. Le Soleil se trouvera à la vérité à un point de l'espace différent de celui où il se fût trouvé, si l'éruption n'avait pas eu lieu; mais la vitesse et la direction du mouvement de translation seront les mêmes qu'avant l'éruption. Cette vitesse et sa direction ne seraient que peu modifiées, si le nombre des révolutions n'était pas entier. Nous n'insisterons pas sur cette circonstance, de laquelle ne résulte aucune conséquence importante. Nous ferons remarquer qu'après l'éruption, le Soleil aura acquis autour de son axe une vitesse de rotation, d'autant plus grande que la masse lancée aura été plus grande, que la vitesse de projection aura été plus forte et qu'enfin la distance du centre du Soleil à la direction du jet aura été plus considérable. Toutes les éruptions, qui auraient lieu par la suite au même volcan et dans la même direction ajouteront à cette vitesse, qui sera la même, que s'il n'y avait eu qu'une éruption continue égale à leur somme.

D'après les hypothèses précédentes, le jet se mouvra d'occident en orient au milieu de la nébulosité solaire, et le Soleil aura après l'éruption un mouvement de rotation d'orient en occident, c'est-à-dire dans un sens opposé à celui qui existe aujourd'hui.

Ce jet de lave, pour lequel nous adopterons le nom de traînée, se revêtira d'une enveloppe de la matière nébuleuse et l'entraînera avec lui.

Cette traînée engendrera une planète; mais quelle sera cette planète. Ce sera Jupiter le plus gros des astres de cette espèce; en voici la raison. Toutes les planètes circulent autour du Soleil dans le même sens (d'occident en orient), et se meuvent dans des plans peu inclinés entre eux et sur l'équateur solaire. Il convient donc d'admettre, que toutes proviennent d'éruptions d'un même volcan du Soleil ; car on conçoit qu'il faut que la première éruption soit la cause primordiale de toutes les autres ; mais (nous le verrons plus tard), plus une planète a de masse, plus elle a de puissance, pour s'ouvrir le cratère à ses divers passages au périhélie, et provoquer les éruptions successives : donc la première planète créée doit être la plus grosse.

Que si l'on demande à quelle cause on doit attribuer l'éruption volcanique qui a produit la première planète, nous répondrons que cette cause peut être un précipité à l'état liquide d'une portion de la nébulosité solaire, qui a dû élever le niveau des mers, augmenter la pression sur le fond de l'abîme sous-marin, faire céder ce fond, favoriser l'introduction du liquide de la mer sous l'écorce solide du Soleil, produire sa conversion en gaz et enfin l'éruption volcanique.

Forme globulaire que prend la traînée.

Ce qui précède admis, examinons ce que devient la traînée de lave, après sa sortie du cratère. Admettons, pour simplifier et faciliter l'explication de ce qui va suivre, que la vitesse de projection a été la même et constante pendant la première moitié de la durée de l'éruption. Toutes les molécules de la tête de la traînée suivront la trace de la première de ces molécules, et cette tête aura la forme de la trajectoire décrite par chacune de ces molécules ; d'où il suit que cette tête aura sa concavité tournée vers le Soleil.

Imaginons actuellement que pendant la dernière moitié de la durée de l'éruption, la vitesse absolue de projection aille en diminuant ; ce qui peut provenir de deux causes : 1° de la vitesse de rotation déjà acquise pendant la première partie de la durée de l'éruption; 2° de la cessation de l'injection du fluide marin; ce qui empêche la formation de nouveau gaz et diminue la tension de celui qui est encore enfermé sous l'écorce solide. Au lieu de la cessation instantanée de l'injection du fluide marin, nous pouvons supposer sa diminution graduelle. Quoi qu'il en soit, voyons ce qui en résultera.

Chaque molécule de la queue décrirait, si elle était isolée, une trajectoire d'autant plus basse, qu'elle serait plus éloignée de la tête. Cette queue n'aurait plus la forme d'une trajectoire et ne tournerait pas forcément sa concavité vers le Soleil. La courbe qu'elle forme resterait toujours tangente à celle de la tête; mais elle pourrait présenter sa convexité à cet astre. Admettons qu'en effet, la décroissance de la vitesse de projection ait été telle, que la queue de la traînée ait sa convexité tournée comme nous venons de le démontrer possible.

De ce qui précède, il résulte que la forme générale de la traînée au sortir du cratère sera celle d'un f allongé, qui présentera au Soleil la concavité de la partie antérieure et la convexité de sa partie postérieure.

Sans nous préoccuper du chemin que cette traînée parcourt dans l'espace, voyons ce qu'elle devient, autrement dit, quelle transformation sa propre attraction lui fait subir.

Ses diverses molécules sont attirées vers son milieu, celles de la tête la longent en passant du côté du Soleil, celles de la queue la longent également, mais du côté opposé. Il est évident que les unes et les autres se réuniront vers le milieu de la traînée et y formeront une sphère dont tous les points conserveront la vitesse qu'ils ont acquise en se transportant de la place, qu'ils occupaient dans la traînée, à celle qu'ils tiennent dans la sphère. En un mot le globe aura un mouvement de rotation d'occident en orient autour d'un axe normal au plan primitif de la traînée.

Si la traînée, par suite d'un changement de direction du jet, était à double courbure, l'axe de rotation devant être normal à chacun de ses éléments, aurait un mouvement de nutation, c'est-à-dire que cet axe, outre son mouvement de translation autour du Soleil, en aurait un propre qui lui ferait décrire une surface conique. L'axe de la Terre a un mouvement de nutation semblable; mais Laplace démontre qu'il est produit par l'action simultanée de deux causes; savoir : l'aplatissement de notre globe et l'attraction de la Lune. Si l'on découvrait à l'axe de rotation de Vénus, qui n'a pas de satellite, un mouvement semblable, il faudrait l'attribuer à la cause que je viens de décrire. En attendant que cela soit constaté, nous nous en référons à l'explication de Laplace pour la Terre.

Orbite d'une planète.

Considérons maintenant la marche dans l'espace de la première planète créée, et admettons pour plus de simplicité, qu'en s'éloignant du Soleil, elle a contracté la forme sphérique et que c'est sous cette forme, qu'elle a toujours conservée depuis, qu'elle se rapprochait de cet astre.

Quant à la nébulosité qui accompagnait la traînée, nous ne nous en occuperons pas; nous nous bornerons à dire, qu'au moment où la nébulosité solaire se précipitera, la planète restera enveloppée d'une atmosphère nébuleuse.

Reprenons les circonstances du mouvement dès son origine. Un corps sous forme d'une traînée excessivement allongée, est lancé par le Soleil suivant une direction qui ne passe pas par son centre. En s'éloignant de cet astre, il se transforme en sphère et s'en rapproche, ayant acquis cette forme, qu'il conserve sauf le renflement de l'équateur, produit par la force centrifuge. De plus, il se meut dans la nébulosité solaire, milieu bien autrement résistant que l'atmosphère terrestre. Or, je le demande surtout aux artilleurs; est-ce que ce corps retombera sur le Soleil, comme le ferait un projectile lancé de cet astre dans le vide? Certainement non; car la densité du milieu croissant en se rapprochant du Soleil, le corps déviera de plus en plus de cet astre, en retournant vers lui, tournera autour de lui, en s'en écartant de plus en plus et recommencera une nouvelle orbite bien moins allongée que la première. Il décrira donc successivement des orbites de moins en moins excentriques, c'est-à-dire dont les grands axes iront en diminuant et dont les petits axes augmenteront; mais suivant une progression décroissante. L'excentricité diminuera continuellement, à tel point que si la nébulosité solaire avait persisté, non-seulement l'orbite serait devenue circulaire, mais son rayon décroissant sans cesse, la planète aurait fini par retomber, que dis-je, se précipiter sur le Soleil. Il n'en a pas été ainsi, car la nébulosité solaire s'est précipitée, quand les orbites de nos planètes avaient leurs dimensions actuelles, et elles les garderont invariablement, à moins que l'on admette que l'éther offre assez de résistance, pour les altérer sensiblement.

Quand j'ai présenté cette génération d'une planète, on s'est obstiné à la repousser, parce que Laplace avait dit, que la matière lancée par le Soleil devait y revenir à chaque révolution. Il faut convenir que c'est pousser trop loin le respect pour les assertions d'un homme de génie, et que l'on aurait dû examiner, si les circonstances étaient les mêmes que celles qu'avait supposées l'illustre astronome, quand il a traduit en langage ordinaire les résultats du calcul.

Voilà donc une planète engendrée, c'est-à-dire, voilà un globe circulant autour du Soleil en même temps qu'il tourne sur lui-même, autour d'un axe sensiblement normal au plan de son orbite. Les autres planètes l'ont été de la même manière par des jets de lave, par suite d'éruptions successives du même volcan.

Génération des autres planètes.

Examinons présentement, comment la première planète engendrée, a provoqué les éruptions volcaniques qui ont produit les autres.

Jupiter, en revenant pour la première fois au périhélie, a dû attirer à lui le liquide de la mer, qui baignait le pied du versant occidental de la chaîne de montagnes, où se trouvait le volcan, et abaisser le niveau de la mer, contre ce versant. En même temps, son attraction a dû élever puissamment le niveau de l'autre mer du côté du versant oriental de la même chaîne. L'accroissement énorme de pression, qui en est résulté sur le fond de cette mer, a fait céder ce fond. Le liquide marin s'est introduit sous l'écorce solide, s'y est converti en gaz, et a provoqué une nouvelle éruption, par le cratère du grand volcan situé sur le versant oriental.

Cette éruption a dû durer d'autant plus que la planète motrice avait plus de masse et est passée plus près du Soleil. C'est donc la planète la plus grosse après Jupiter qui a dû être créée. Or, cette planète est, comme on sait maintenant, Neptune, découverte récemment et annoncée par Leverrier; sa masse est presque triple de celle de Saturne.

Jupiter est repassé plusieurs fois au périhélie avant Neptune, et a produit successivement Saturne, Uranus et la Terre.

Saturne a pu revenir au périhélie avant que Jupiter y passât pour la quatrième fois et engendrer Vénus.

Jupiter survenant, a procréé Mars, et plus tard Mercure.

Quant aux huit petites planètes, Cérès, Pallas, Junon, Vesta, Astrée, Hébée, Iris et Flore, elles ont été engendrées par une seule éruption avec sept intermittences; de là vient, que ces huit planètes décrivent des orbites presque égales. Il faut croire que c'est encore Jupiter, qui a provoqué cette éruption. Voici la table des distances de ces planètes au soleil (celle de la Terre étant prise pour l'unité), et des durées de leurs révolutions sidérales :

	DISTANCES.		DURÉE.
			ans.
Vesta.	2,378.	—	3,658.
Junon.	2,667.	—	4,359.
Cérès.	2,767.	—	4,654.
Pallas.	2,778.	—	4,654.
Astrée.	2,575.	—	4,170.
Hébée.	2,427.	—	3,780.
Iris.	2,240.	—	3,600.
Flore.	2,180.	—	4,000.

Elles diffèrent peu entr'elles.

Mais pourquoi, dira-t-on, ne faites-vous produire aucune planète à l'énorme Neptune? C'est que cet astre a une orbite si vaste et a dû traverser une si immense épaisseur de nébulosité solaire, qu'à son premier retour au périhélie, il a dû passer très-loin du Soleil et n'a pu selon moi, produire une éruption durable et engendrer une planète de quelqu'importance.

Par une raison du même genre, je ne crois pas qu'Uranus ait créé de planètes.

Du reste, je ne tiens pas le moins du monde à la distribution des rôles, que j'ai fait jouer à certaines planètes dans la formation de leurs consœurs. Je laisse chacun libre de faire celle qu'il jugera convenable, en prenant pour base les éléments de notre système planétaire. J'incline même à croire qu'il n'y a que Jupiter qui ait créé des planètes, et que Saturne vu la grandeur de son orbite et la durée considérable de sa révolution sidérale, est passé trop loin du Soleil à son premier retour au périhélie, pour accomplir une éruption de telle sorte qu'il en résulte une planète.

Nous avons expliqué, comment la traînée de lave, qui a produit la première planète, a dû affecter la forme d'un ʃ très-allongé, et présenter au Soleil la concavité de sa partie antérieure et la convexité de sa partie postérieure. Pour les planètes subséquentes il y a une autre cause, qui tend à infléchir la queue de cette traînée. C'est la présence de la planète motrice, qui, animée d'une moindre vitesse et marchant derrière elle et en dehors de sa trace, l'attire à elle et fait prendre à sa queue une courbure opposée à celle de la tête.

Cause de l'inflexion de la traînée qui a engendré chacune des planètes plus anciennes que Jupiter.

Résumons la manière d'agir de la planète motrice, pour produire une autre planète. Elle arrive de l'ouest près du périhélie, soulève la mer, qui baigne le versant oriental de la grande chaîne de montagnes, bien avant de parvenir à la hauteur du volcan générateur, qui se trouve sur ce versant. L'augmentation de la pression, force le liquide marin, à pénétrer sous l'écorce solaire. Là, rencontrant une haute chaleur, il se convertit en gaz et produit l'éruption, qui est entièrement terminée avant que l'astre moteur soit parvenu vis-à-vis le cratère.

Génération des satellites.

Si une grosse planète, en repassant au périhélie est très-éloignée du Soleil, ou bien si une moyenne passe assez près de cet astre, il peut arriver que l'éruption n'ait lieu, qu'après que la planète motrice a dépassé le volcan, alors la traînée de lave qui a une plus grande vitesse que la planète, puisque cette vitesse n'a pas encore été diminuée par la résistance du milieu, rattrape cette planète, ou plutôt, parvient à sa hauteur, est attirée par elle et circule autour de cet astre. La traînée, prend évidemment la courbure d'un arc de l'orbite décrit par chacun de ses points, autour de la planète.

Voyons, ce que devient cette traînée pendant son mouvement dans l'espace. Les molécules, par leur attraction réciproque, finissent par se réunir vers le milieu de sa longueur et forment une sphère; mais, comme pour parvenir à la place qu'elle y occupe, chaque molécule en a rencontré une autre, animée d'une vitesse égale à la sienne et en sens contraire, ces vitesses s'entre-détruisent, et la sphère n'a pas de mouvement de rotation sur elle-même.

On conçoit que l'hémisphère de ce globe, tourné du côté de la planète, est plus attiré par cet astre, qu'ainsi la matière s'y condense, plus que sur l'hémisphère opposé, d'où il résulte que le premier de ces hémisphères est toujours tourné du côté de la planète, et qu'à chaque révolution autour de cette dernière, le globe fait une rotation entière sur lui-même autour d'un axe normal au plan de son orbite.

L'astre ainsi engendré est nommé le satellite de la planète, autour de laquelle il circule et à laquelle il doit sa naissance.

Jupiter, Saturne et Uranus ont plusieurs satellites; la Terre n'en a qu'un seul, la Lune. Vénus, Mars, Mercure et les petites planètes n'en ont point, parce que leur masse est trop faible pour que, même à leur premier passage au périhélie, elles aient pu ouvrir le volcan.

Il est remarquable, que Vénus dont la masse n'est

guère moindre que celle de la Terre, n'ait pu parvenir à se créer un satellite. Ainsi la masse de la Terre est une limite. Toute planète, qui a une masse plus forte, aura un ou plusieurs satellites; toute planète d'une masse moindre n'en aura point du tout.

La planète Neptune, ayant trois fois plus de masse que Saturne, doit avoir au moins cinq satellites, à moins pourtant, que de son excessive distance du Soleil à l'aphélie ne soit résulté un grand éloignement du même astre, à chacun de ses premiers retours au périhélie, ce qui est toutefois peu présumable.

Les satellites ont une propriété remarquable: c'est de produire sur leurs planètes motrices des marées et des courants, qui agitent leurs mers et les empêchent d'être croupissantes et infectes.

Vénus et Mercure n'ont point à la vérité de satellites, mais étant très-proches du Soleil, leurs mers sont suffisamment agitées par cet astre.

Quant à Mars, son grand éloignement du Soleil et l'absence de tout satellite en doivent faire une planète peu favorisée sous ce point de vue.

Les huit petites planètes, Vesta, Junon, Cérès, Pallas, Astrée, Hébée, Iris et Flore, étant à cet égard, dans des conditions pires que Mars, ne peuvent être habitées, ou ne le sont que par des reptiles ou autres animaux nuisibles *.

* Je n'ai pas la prétention d'imposer à qui que ce soit, l'opinion que les marées et que les courants sous-marins sont une condition indispensable pour que les mers soient salubres et un globe habitable.

Inclinaison de l'orbite des satellites d'Uranus.

Nous avons vu qu'il y a création de satellite, quand une traînée de lave passe derrière une planète, dans le voisinage du Soleil, mais ce n'est pas seulement dans ce cas qu'il peut s'en former. Si la traînée passe au-dessus ou au-dessous de la planète motrice, l'orbite du satellite qui en résulte, est dans un plan perpendiculaire à celui où se meut la planète. J'avais prévu ce cas, quand, il y a près de huit ans, j'ai découvert la formation de notre système solaire ; mais croyant qu'il n'y avait pas de satellites dont les orbites eussent cette inclinaison, je n'en ai pas fait mention. Qu'on juge de ma satisfaction, quand, il y a à peine un mois, j'ai appris par M. l'abbé Maréchal, professeur d'astronomie au séminaire de Metz, que l'on venait de découvrir que les deux satellites connus d'Uranus, avaient le plan de leur orbite, quasi perpendiculaire à celui de la planète ; seulement le savant professeur en concluait, que l'axe de rotation de la planète elle-même était dans le plan de sa propre orbite, mais cela n'est pas. Cet axe est sensiblement normal au plan de l'orbite, comme pour les autres planètes. Pour que cela fût autrement, il faudrait admettre qu'Uranus eût reçu un violent choc, qui eût dérangé la direction primitive de son axe ; ce qui est excessivement peu probable.

Ici je le demande à tout homme de bonne foi, comment concilier l'inclinaison de l'orbite des satellites d'Uranus, avec la théorie de Laplace. Elle en est le renversement complet. Ainsi, plus de scrupule, plus de doute à cet égard, la Cosmogonie de Laplace est démentie par les faits; mais l'illustre auteur de la Mécanique céleste, n'avait pas besoin de cette théorie, à laquelle d'ailleurs il attachait peu d'importance, pour que son nom passât à la postérité.

Formation de l'anneau de Saturne.

Supposons actuellement, un cas très-particulier; savoir: celui où la traînée passe derrière la planète motrice, mais si près de cet astre, que le développement de l'orbite décrite par un point de cette traînée autour de lui, soit égale à la longueur de cette même traînée, ou plus grande que cette longueur. Dans ce cas, la traînée formera un anneau autour de la planète.

Ce cas unique a eu lieu, pour la planète Saturne, mais dans des circonstances bizarres que nous allons faire connaître.

L'éruption volcanique qui a produit ce phénomène a été intermittente, c'est-à-dire qu'elle a été interrompue et a donné lieu à deux jets distincts et séparés; mais comme par suite de la cause qui a produit l'interruption, la direction du jet a changé, l'un des anneaux s'est formé au-dessus et l'autre au-dessous de Saturne, dans des plans sensiblement parallèles à l'équateur de cet astre.

L'attraction de Saturne a dû amincir ces anneaux liquides, de sorte qu'après leur solidification, l'intersection faite dans chaque anneau, par un plan normal, passant par son centre, est terminée par une courbe allongée, dont le grand diamètre est situé dans le plan milieu de l'anneau et passe par son centre.

L'action de ces anneaux sur Saturne à l'état liquide, a produit des renflements sur cet astre et lui a donné la forme d'un solide, engendré par un rectangle tournant autour d'un côté, et dont les sommets des angles opposés à ce côté ont été arrondis.

Les deux anneaux, obéissant à leur attraction réciproque et à celle de Saturne, ont fini par arriver dans le plan de l'équateur de cet astre, et comme ces anneaux diffèrent de diamètre, ils ne se sont point confondus et forment encore deux anneaux distincts, dont le plus petit est séparé du plus grand et de la sphère par un vide circulaire.

Si la longueur des traînées, qui ont produit les anneaux était plus grande que le développement de l'orbite décrite par chacun de leurs points, les bouts de ces traînées ont dû se recroiser et former dans ces anneaux des renflements ou bourlets. Ces renflements s'étant attirés réciproquement, se sont réunis de manière à former entre les anneaux une adhérence qui semble un pont jeté de l'un à l'autre (2).

Bandes de Jupiter et de Saturne.

Un cas plus bizarre peut-être, que celui où la traînée passe à peu de distance en arrière de la planète est sans doute celui où elle arrive tangentiellement à cet astre et s'y enroule, comme un câble autour d'un cylindre. C'est ce qui est arrivé à Jupiter et à Saturne. On voit sur la surface de ces deux astres, des bandes, qui prouvent qu'un jet volcanique y a formé des filets, comme ceux d'une vis. Ces filets sont-ils adhérents, ou bien tournent-ils autour de la planète? C'est à l'observation à décider le fait.

Age des planètes, des bandes,

Si toutes les planètes avaient été engendrées par Jupiter, on pourrait affirmer que leur rang d'âge est le même que leur rang de masse, et que les plus grosses sont les plus anciennes. Mais comme Saturne et peut-être aussi Neptune, ont pu en engendrer quelques-unes, cette loi peut n'être pas tout-à-fait exacte.

des anneaux et des satellites

Pour chaque planète, le rang d'âge des satellites est évidemment celui de masse.

Les bandes de Jupiter sont antérieures à ses satellites.

L'anneau de Saturne est postérieur à ses bandes et plus ancien que ses satellites.

Les planètes motrices ont engendré des planètes, avant de se donner des bandes, des anneaux et des satellites.

Autre cause qui a produit le mouvement de rotation des planètes et des satellites.

Nous avons donné une explication du mouvement de rotation des planètes et des satellites autour d'un axe sensiblement normal à leur orbite, mais il est encore une autre cause, qui a pu produire ces mouvements et qui a concouru avec celle que nous avons donnée.

Supposons, que ces astres n'aient pas à priori de mouvement de rotation. Ils en contracteront, par suite de la résistance du milieu, dans lequel ils se meuvent.

Occupons-nous d'abord d'une planète. Son hémisphère tourné du côté du Soleil, éprouvera plus de résistance de la part du milieu, que l'hémisphère opposé, puisque la densité de ce milieu croît en s'approchant du Soleil. L'inégalité de pression sur ces deux faces, produira évidemment un mouvement de rotation d'occident en orient, autour d'un axe perpendiculaire au plan de l'orbite ; c'est-à-dire le même mouvement que celui qui résulte de l'attraction combinée avec la forme en ʃ de la traînée génératrice.

Passons à un satellite quelconque : voyons ce qui se passe, quand il est situé entre sa planète et le Soleil : la différence de résistance, que le milieu oppose à ses deux hémisphères, tendra à lui imprimer un mouvement de rotation d'occident en orient. Au contraire, quand la planète sera entre le satellite et le Soleil, la différence des résistances du milieu à son mouvement de translation tendra, à le faire tourner sur lui-même d'orient en occident. De même, en considérant deux positions quelconques diamétralement opposées du satellite, par rapport à sa planète, on trouvera, que la vitesse de rotation, qu'il tend à prendre dans une position, est détruite par une tendance en sens contraire, quand il est dans la position opposée.

De ce qui précède, il suit que le satellite a un léger mouvement d'oscillation autour de son axe, tant qu'il se meut dans la nébulosité solaire ; mais que la cause qui produit ce mouvement, doit cesser quand cette nébulosité se précipite sur le Soleil*.

Matières composant le Soleil,

Les planètes, les satellites, les bandes et les anneaux doivent contenir les mêmes matières que le Soleil ;

* Il n'est pas impossible, qu'après la précipitation de la nébulosité solaire, la Lune ayant une vitesse légère de rotation dans un sens, n'en ait acquis en un sens contraire par l'attraction de la Terre, qu'il n'en soit résulté un mouvement de vibration autour de son axe et qu'ainsi celui que l'on observe ne soit réel et non une illusion.

en effet, ces corps ont été composés originairement : 1° de lave provenant du noyeau liquide central solaire; 2° de quelques débris du cratère, qui représentent la croûte du Soleil; 3° du fluide marin qui s'était converti en gaz, après s'être introduit sous l'écorce; 4° de la matière nébuleuse qu'a traversée la traînée; mais ces diverses matières y étaient à des états différents de composition et de températures, où elles se trouvent maintenant dans les divers corps créés par le Soleil.

Les mêmes que dans les planètes et les satellites.

Avant de passer à d'autres astres que ceux dont nous venons d'exposer la génération, parlons d'une circonstance particulière, que présente la planète Mars.

Anneau fumo-cendreux de Mars.

Toutes les planètes et leurs satellites, ont plus ou moins la couleur argentine de Vénus et de la Lune, tandis que la lumière de Mars est toujours rougeâtre et trouble. Les astronomes attribuent cette différence à la couleur ocreuse du sol de Mars.

Si cela en était la cause, pourquoi la lumière de toutes les autres planètes ne serait-elle pas aussi colorée que leur sol. Il n'en est rien. La coloration ne peut donc être attribuée qu'à un corps gazeux, qui entoure Mars. Ce corps n'est point une atmosphère; car, pourquoi serait-elle d'une autre couleur que celle des autres planètes. Cette couleur est donc due à une longue et large traînée de matière fumo-cendreuse, projetée par le Soleil, après la précipitation de sa nébulosité. Cette traînée s'est enroulée autour de Mars et a formé autour de lui un anneau qui a fini par s'établir dans le plan de l'équateur de cette planète. Cet anneau tourne et tournera éternellement autour de Mars ; mais à la longue sa matière se condensant, il finira par ne plus être qu'un mince filet noir fuligineux qui nous réfléchira la lumière du Soleil, ainsi que cela a lieu pour l'anneau de Saturne.

Des comètes. Le volcan solaire qui a procréé les diverses planètes et leurs accessoires, n'a probablement donné naissance à aucun autre corps céleste. Mais sur la surface du Soleil, ont existé des volcans, qui ont projeté les autres corps, faisant partie de notre système solaire. Au premier rang, parmi ces derniers figurent les comètes, astres qui circulent autour du Soleil, en décrivant des orbites plus ou moins allongées.

Nous allons en exposer la génération.

Supposons une traînée de lave lancée dans une direction quelconque, par un volcan solaire quelconque. Cette traînée s'entourera d'une gaîne nébuleuse qui l'accompagnera pendant sa course dans l'espace.

La lave, par l'attraction réciproque de ses molécules, se transformera en globe vers le milieu de sa longueur et sera le noyau de la comète.

La partie antérieure de la gaîne nébuleuse, refoulée par la résistance du milieu qu'elle parcourt et attirée par le noyau, formera autour de ce noyau une enveloppe sphérique nébuleuse, que l'on nomme la chevelure de la comète et de laquelle l'astre tire son nom. Le noyau et la chevelure sont appelés la tête de la comète.

La partie postérieure de la gaîne, ayant à vaincre la résistance du milieu, non-seulement ne se réunira pas à la chevelure; mais devra même s'allonger par l'effet de cette résistance et formera la queue.

Le vide laissé par le retrait de la matière liquide, qui formait la partie postérieure de la traînée, se remplira de fluide éthéré, et persistera, c'est-à-dire ne sera point envahi par la matière nébuleuse.

On se demandera d'où provient l'éther qui remplacera la matière liquide. Nous répondrons que tout corps nébuleux, liquide, ou solide incandescent, se recouvre d'une couche d'éther condensé et que la traînée, qui avait une enveloppe de ce fluide, l'a abandonnée en partie, en prenant la forme sphérique qui, sous le même volume présente moins de surface.

Maintenant l'éther, qui n'est autre chose que le fluide électrique, jouit de cette propriété, de ne pouvoir pénétrer la matière nébuleuse; autrement dit, cette matière est imperméable à l'éther. C'est à cette imperméabilité qu'est due la persistance du vide de la queue de certaines comètes.

Compression de la tête des comètes.

Lorsqu'après la précipitation de la nébulosité solaire, une comète ainsi constituée approche du Soleil, elle est comprimée de plus en plus par l'atmosphère d'éther fortement condensé qui entoure le Soleil. Le diamètre de sa tête doit donc diminuer de plus en plus, puisque la matière nébuleuse étant imperméable à l'éther, ce dernier fluide ne peut pénétrer dans cette matière et la dilater par son introduction entre ses molécules. Ce phénomène a été observé dans la comète de Halley, dont la tête diminuait de diamètre en s'approchant du Soleil.

Action de l'éther sur la queue des comètes.

Si la queue d'une comète passait très-près du Soleil, la compression de l'éther, qui environne ce dernier astre, pourrait chasser le fluide de même espèce, qu'elle contient, et donner lieu à un phénomène lumineux particulier. Je ne sache pas, que rien de semblable ait été observé. Quoi qu'il en soit, on conçoit que certaines queues de comètes peuvent ne pas être creuses. Ce sont celles qui ont déjà passé très-près du Soleil. Au contraire, ce ne sont que les comètes dont les queues ne se sont pas encore beaucoup approchées de cet astre, qui conservent le vide primitif de ces queues.

Secteurs lumineux observés dans la chevelure de certaines comètes.

Aussitôt que le noyau d'une comète est formé, il se recouvre d'une couche d'éther condensé, à laquelle se superpose la matière nébuleuse qui compose la chevelure ; ce qui donne à la tête l'apparence d'un noyau brillant, entouré d'un anneau obscur et recouvert luimême d'une couronne lumineuse.

Quand la tête d'une comète encore dans ces conditions passe très-près du Soleil, la compression énergique de l'éther force celui qui compose l'anneau obscur à s'échapper avec violence à travers la matière nébuleuse de la chevelure ; alors ce fluide produit en la traversant un phénomène, qui a l'apparence d'un secteur lumineux. On conçoit qu'au fur et à mesure que la tête de la comète s'approche du Soleil, le secteur lumineux causé par l'effluve de l'éther change de place et qu'il se forme même plusieurs de ces secteurs. Un phénomène semblable s'est manifesté lors du passage d'une certaine comète près du Soleil. Il a paru si singulier, qu'on semblait croire, que jamais on n'en trouverait l'explication.

Il peut arriver qu'un jet volcanique soit intermittent. Alors il se forme à la suite l'une de l'autre plusieurs comètes constituées, comme nous venons de le décrire. Ces diverses comètes finissent par se réunir en une seule.

Comètes à anneaux et à queues multiples.

Tous les noyaux ne font plus aussi qu'un noyau unique, recouvert d'une couche concentrique d'éther condensé ; mais les chevelures s'étant superposées successivement, chacune s'est revêtue d'une enveloppe d'éther et la tête de la comète présente l'aspect d'un noyau brillant entouré d'anneaux alternativement obscurs et lumineux.

Quant aux queues, elles se sont juxta-posées sans se confondre à cause de l'enveloppe éthérée, qui recouvre chacune d'elles ; de sorte qu'elles présentent l'aspect de plusieurs queues lumineuses séparées par des bandes obscures.

La comète à queue multiple et avec anneaux alternativement obscurs et lumineux, est la plus compliquée qu'on puisse observer. Oh ! que ce serait curieux de voir une semblable comète passer très-près du Soleil ; on aurait le spectacle de secteurs lumineux variés dans la chevelure et de stries lumineuses dans les diverses queues. Il n'est pas probable que ce phénomène se présente, parce que chaque comète ne peut donner ce spectacle qu'une seule fois pendant son existence. Quand ces phénomènes se sont passés, il n'y avait peut-être pas encore de spectateurs, ou s'il y en avait, ils n'étaient pas assez connaisseurs pour les apprécier, ni assez instruits pour les constater.

Queues des comètes courbes.

Quand une comète se meut loin du Soleil, la résistance de l'éther est si minime, qu'il se pourrait que la direction de la queue fût perpendiculaire a celle du mouvement; mais à l'approche du Soleil la résistance de son atmosphère éthérée force la queue à suivre la tête; or, comme cette résistance a plus d'action sur l'extrémité de la queue, la plus éloignée de la tête, cette queue doit se courber et présenter l'aspect d'un sabre turc: c'est ce qu'on a observé quelquefois.

Supposons le cas où la queue d'une comète se présente la première, à son approche du périhélie et avant d'être aperçue de la Terre. La résistance du milieu éthéré diminuant la vitesse de la matière vaporeuse qui la compose, et de plus, le noyau conservant sa vitesse, la queue sera refoulée en partie derrière le noyau, tandis qu'une partie restera en avant et dirigée vers le Soleil, de sorte que la tête de la comète sera comprise entre deux queues; mais pour se rendre compte de la possibilité de ce fait, il faut bien se rappeler que la matière qui compose la queue est imperméable à l'éther.

Comètes sans noyau.

Il a pu arriver qu'un volcan solaire n'ait pas vomi de lave; mais qu'il ait lancé seulement une matière gazeuse, qui entraîne avec elle la matière de la nébulosité dont est entouré le Soleil. Alors il en est résulté une traînée nébuleuse qui persiste dans son mouvement après que la nébulosité solaire s'est précipitée à l'état liquide. Il existe de semblables traînées lumineuses; j'en ai vu une de ce genre à Valenciennes, en 1842: c'était une longue bande laiteuse, ayant partout la même largeur. On range ces traînées lumineuses parmi les comètes et on les nomme *comètes sans noyau*.

Si par hasard, une comète sans noyau passait au-dessus de notre globe, elle y formerait un anneau lumineux, et ainsi se trouverait réalisée la couronne boréale de Fourier.

Forme de la queue des comètes.

Quand une comète se dirige vers le Soleil, sa queue, si elle suit sa tête, doit s'élargir en s'éloignant de cette tête, par la même cause, qui fait que le diamètre de la chevelure d'une comète décroît à mesure que cet astre s'approche du Soleil. En effet, près de la tête, la queue est moins comprimée que vers son extrémité postérieure, puisque la densité de l'éther croît en s'approchant du Soleil et que la matière de la queue est imperméable au fluide éthéré. Au contraire, en s'éloignant la queue est moins comprimée vers la tête de l'astre que vers son extrémité postérieure et doit avoir ainsi à peu près la même largeur dans toute son étendue, puisque ses parties ont été soumises à une égale pression. J'ignore si cette observation a été faite.

Mouvement de rotation de la queue de certaines comètes autour de leur axe.

Après la création des planètes, le Soleil avait acquis d'orient en occident un mouvement de rotation, auquel participait sa nébulosité, dont tous les points avaient ainsi la même vitesse angulaire que le Soleil.

Admettons que dans ces circonstances, une traînée de lave ait été projetée par un volcan situé sur l'équateur. Elle a dû se revêtir d'une enveloppe nébuleuse, dès que son attraction propre l'a emporté sur celle du Soleil. Supposons la traînée parvenue à une distance où la vitesse absolue de rotation de la nébulosité est beaucoup plus forte que celle que possédait la matière de l'enveloppe, quand elle s'est fixée à la traînée. Le choc latéral de la nébulosité solaire contre l'enveloppe tendra à faire tourner la moitié longitudinale supérieure de cette enveloppe dans un sens et la moitié inférieure dans le sens opposé, autour de l'axe de la traînée. Si l'enveloppe était un corps liquide, ces deux mouvements se détruiraient; mais comme la matière dont elle est composée est nébuleuse, l'une des moitiés de la queue tourne dans un sens contre la lave liquide et l'autre se superpose à la première et tourne dans un sens opposé. Ce dernier mouvement est seul apparent.

Il est à remarquer que chaque moitié de l'enveloppe primitive s'est formée en couche concentrique à l'axe de la traînée. Ayant déjà reconnu que la matière nébuleuse se recouvre d'une couche d'éther et qu'il en est de même de la lave incandescente, on conçoit que la lave sera séparée par une couche d'éther de la gaîne intérieure, et qu'il y en aura une semblable entre cette dernière et la gaîne extérieure, et qu'enfin celle-ci sera aussi recouverte d'une couche d'éther.

Nous avons supposé pour la facilité de l'explication que le volcan était sur l'équateur, mais pour toute autre situation du volcan, il y aurait un effet semblable produit, mais la vitesse de rotation de la gaîne serait moins grande.

C'est dans ces circonstances que se forme toute comète. Il n'est donc pas étonnant que la queue de certains de ces astres présente des indices certains d'un mouvement rapide de rotation autour de leur axe.

Si, après la précipitation de la nébulosité solaire, une comète ainsi constituée passe très-près du Soleil, la compression de l'éther, condensé autour de ce dernier astre, chasse le fluide éthéré, qui sépare les deux couches de la queue et mêle leur matière; alors les vitesses de rotation en sens contraires se détruisent mutuellement. A partir de cette époque, la queue d'une comète ne présente plus l'apparence de mouvement de rotation.

Comètes qui se réunissent par rapprochement.

M. l'abbé Maréchal m'ayant communiqué une note sur une certaine comète, avant l'impression de la partie de mon manuscrit qui traite des astres de cette espèce, je place après cette partie, cette note et l'explication des phénomènes qu'elle contient. Voici d'abord la note en question :

« M. Walz revit à Marseille la comète de Gambard, » le 24 novembre 1845. Elle était une et resta une » jusqu'au 27 janvier; mais le 28 elle était double » et à 2' d'elle, se montra une deuxième comète » parfaitement semblable, ayant elle aussi, son noyau » et sa queue dirigés parallèlement. Il s'était donc » opéré un dédoublement, ou bien une deuxième » comète invisible d'abord, s'était montrée tout à

» coup. Le dédoublement est plus probable. Le 13 et
» le 14 février, les deux têtes paraissaient en contact
» et d'intensité égale ; mais le 15 la tête secondaire
» devint plus intense que la primitive, ce qui continua
» le 16 et le 17. Le 18 au contraire, la tête primitive
» n'était guère plus forte que l'autre. Le 15 mars, la
» comète présentait l'aspect d'une l'arge nébulosité
» assez brillante, et c'est en vain que l'on cherchait à
» voir le deuxième noyau. Ces anomalies bizarres
» n'ont cependant rien d'extraordinaire, car depuis
» longtemps on avait constaté qu'une même comète
» subit des changements continuels qui se succèdent
» avec une étonnante rapidité *. »

Dans le phénomène en question, il y a réellement deux comètes en jeu ; mais rappelons leur constitution. La tête de chacune se compose d'un noyau liquide brillant recouvert d'une couche d'éther condensé obscure ; par-dessus cette couche est une atmosphère ou enveloppe de matière nébuleuse et par-dessus cette enveloppe, il y a une couche d'éther condensé. La queue creuse est remplie d'éther et entourée d'une gaîne d'éther condensé.

* On se rendra aisément compte des changements continuels que subit une même comète, et qui se succèdent avec une étonnante rapidité, si l'on fait attention aux différentes causes qui peuvent les provoquer, savoir : le mouvement de rotation de l'atmosphère éthérée du Soleil ; celui de la matière nébuleuse qui compose la queue et la chevelure des comètes, l'inclinaison de l'orbite de la comète sur l'équateur solaire, l'élasticité de la matière éthérée condensée autour du Soleil, celle de l'enveloppe de la queue et de la tête de la comète, etc

Maintenant les chevelures ont un mouvement de rotation provenant de celui qu'avait la nébulosité solaire aux dépens de laquelle elle s'était formée. La matière nébuleuse composant la queue a un mouvement semblable autour de son axe, provenant de la même origine.

Du 24 novembre au 27 janvier, les deux comètes marchaient parallèlement sans se toucher et se projetaient l'une sur l'autre et l'on n'en voyait qu'une ; mais elles se rapprochaient l'une de l'autre. Enfin elles se sont touchées, et leurs mouvements de rotation les ont fait tourner l'une autour de l'autre. Alors celle qui était masquée est devenue visible.

Le 13 et le 14 janvier, les enveloppes extérieures d'éther s'étaient pénétrées et les deux têtes paraissaient en contact. Le 15, par suite de la continuation du mouvement de rotation, la comète qui était d'abord au-dessus était arrivée en dessous ; ce qui fit croire que la tête la plus intense était devenue la moins intense et réciproquement. Le 18, après une nouvelle révolution, l'inverse avait lieu. Le 23, les deux têtes étaient sensiblement égales ; ce qui tient à ce que, par la compression, les têtes s'aplatissant, se projetaient ce jour-là, suivant des surfaces égales. Le 15 mars, les deux comètes s'étaient réunies définitivement. Leurs noyaux n'en faisaient plus qu'un, et leurs chevelures s'étaient mêlées ou superposées.

Comètes qui se réunissent par choc.

Ce phénomène intéressant me prouve qu'avant de se réunir, les comètes sont quelque temps à tourner l'une autour de l'autre, et que ce n'est qu'au bout d'un certain temps que l'attraction les réunit en une seule.

A la première lecture qui me fut faite de la note précédente, en la débarrassant du manuscrit où elle était noyée, j'avais compris que deux comètes s'attiraient et se repoussaient alternativement ; mais quand j'ai eu entre les mains la note écrite, j'ai reconnu mon erreur et vu qu'elles se bornaient à tourner comme je viens de l'expliquer ; mais comme ce que j'avais cru d'abord est possible, je vais donner l'explication d'un phénomène semblable.

Imaginons deux comètes constituées, comme je viens de le dire et supposons qu'elles se choquent, c'est-à-dire qu'elles se rencontrent sous un angle sensible. La tête et la queue étant recouvertes d'une enveloppe d'éther condensé, fluide éminemment élastique, elles rebondiront après le choc et comme elles se meuvent dans un milieu d'éther d'autant plus condensé qu'elles sont plus proches du Soleil, elles seront renvoyées l'une vers l'autre par la réaction de ce fluide. Si l'on combine ces mouvements alternatifs avec celui de translation qui continue, on aura un phénomène qui, s'il avait lieu, surprendrait étrangement le spectateur. Ainsi quand deux comètes s'approchent sans choc, elles tournent l'une autour de l'autre comme dans le cas de la note ci-dessus ; mais quand elles se heurtent violemment, elles rebondissent, puis sont renvoyées l'une contre l'autre alternativement, jusqu'à ce qu'elles se démolissent, c'est-à-dire que leur matière se mêlant avec l'éther, il en résulte alors un seul noyau qui attire à lui une partie de la nébulosité pour s'en former une chevelure, et le reste de la matière nébuleuse, abandonnée à elle-même se constitue en une seule queue. Il est bien entendu, qu'après sa formation, la comète unique condensera l'éther sur sa surface, mais son noyau ne sera pas recouvert d'une couche de ce fluide et sa queue n'aura pas suivant son axe un creux rempli de cette matière subtile. Les comètes formées de la réunion de plusieurs comètes sont donc différemment constituées, selon qu'elles se sont réunies par rapprochement, ou par choc.

Avant la précipitation de la nébulosité du Soleil, il y a eu des volcans qui, comme cela a lieu sur la Terre, lançaient des nuées de pierres. Ces corps se mouvant dans un milieu résistant, ont décrit des orbites plus ou moins allongées. Ils constituent de véritables planètes, mais d'une excessive petitesse; si la nébulosité solaire eût persisté, leur vitesse eût été rapidement détruite, et elles seraient retombées sur le Soleil. Il est probable que tel a été le sort de beaucoup de ces petits astres. Quant à ceux qui subsistent et qui sont connus sous le nom d'étoiles filantes, ils ont dû être projetés peu de temps avant la précipitation de la nébulosité du Soleil. Du reste, ces petits astres, qui n'ont pas de lumière propre, ne sont visibles de la Terre que quand ils en passent très-près. Il paraît qu'il y a une légion de ces astéroïdes qui décrit son orbite dans une année comme la Terre, et qui passe près d'elle dans la nuit du 11 novembre. Leur vitesse étant très-grande, chacune est à peine visible pendant une seconde. Etoiles filantes.

Aérolithes ou bélides.

Quand quelques-uns de ces corps passent par notre atmosphère, leur frottement dans ce milieu les échauffe et les fait éclater. Parmi les éclats, les uns continuent leur route ; ce sont ceux qui, par l'explosion, ont été projetés dans le sens de leur mouvement ; d'autres tombent sur la Terre, ce sont ceux qui, ayant été lancés dans le sens opposé à leur mouvement, obéissent à l'attraction de notre planète. Ces dernières ont reçu le nom de bolides ou aérolithes, et nous donnent des échantillons de l'écorce solaire.

Précipitation complète de la nébulosité du Soleil.

Abordons maintenant un des phénomènes les plus remarquables qui se soient produits depuis la naissance du Soleil : c'est la précipitation complète à l'état liquide de la nébulosité, qui entourait cet astre.

Par suite de cette précipitation, le niveau des mers a dû s'élever partout. Admettons que l'accroissement de pression qui en est résulté, ait remis en activité le volcan qui a engendré les planètes ; mais que l'éruption, au lieu de se faire par l'ancien cratère situé sur le versant oriental, s'est fait sur le versant occidental, et que l'axe du nouveau cratère soit sensiblement dans le même plan méridien, et qu'enfin cet axe soit peu incliné par rapport à l'horizon.

Deuxième mouvement de rotation du Soleil.

Rappelons, que c'est à la précipitation d'une partie de la nébulosité solaire, que nous avons attribué l'éruption volcanique qui a engendré Jupiter, la plus grosse des planètes, que tous les astres de même espèce, leurs satellites et accessoires doivent leur naissance à des éruptions successives, provoquées par divers passages au périhélie de planètes déjà créées, et qu'enfin le Soleil, après toutes ces créations, a dû avoir autour d'un axe perpendiculaire au plan méridien, passant par l'axe du cratère, un mouvement de rotation d'orient en occident, d'autant plus rapide, que la somme des masses projetées a été plus grande, que la vitesse de projection a été plus forte, et qu'enfin la direction du jet a fait un angle plus grand avec la normale.

La nouvelle éruption volcanique a dû diminuer de plus en plus la vitesse du mouvement de rotation d'orient en occident du Soleil, et finir, en se prolongeant, par imprimer à cet astre le mouvement d'occident en orient, qu'il a aujourd'hui.

L'éruption dont il s'agit, semblable à celle qui a produit Jupiter, a pu durer beaucoup plus longtemps, si la hauteur du deuxième précipité de matières nébuleuses a été beaucoup plus forte que celle du premier.

Planètes qui sortent du système solaire.

Quant à la matière projetée, ou bien elle est retombée sur le Soleil, puisque cet astre n'est plus entouré d'un milieu résistant, ou bien, si elle a été lancée avec une vitesse suffisante, elle se meut indéfiniment dans l'espace.

Pour que cela se soit passé de cette dernière manière, il suffit que la vitesse de projection ait été de 613178 mètres par seconde; car notre Terre, après avoir circulé dans la nébulosité solaire, assez longtemps pour décrire une orbite quasi circulaire, conserve encore une vitesse de 30722 mètres. Elle a donc dû être projetée avec une vitesse initiale au moins vingt fois plus grande, c'est-à-dire supérieure à 613 178 mètres. De ce qui précède, il suit, que la matière lancée est sortie de notre système solaire.

Il est possible et très-probable, que la grande éruption qui a retourné le sens du mouvement de rotation du Soleil, a été intermittente, et que la direction du jet a varié plusieurs fois. Dans ce cas, au lieu d'une seule planète d'une grosseur colossale, la matière projetée en a produit plusieurs d'une masse moindre.

Chacune de ces diverses planètes se meut dans l'espace, en ligne droite, et s'y mouvra jusqu'à ce qu'elle passe assez près d'une étoile qui, l'attirant, la force à circuler autour d'elle. De même que notre Soleil a dû envoyer des planètes à d'autres systèmes stellaires, de même les étoiles peuvent nous en envoyer.

Des planètes douées d'une vitesse moyenne double de celle de notre Terre dans son orbite, et partant de Sirius, nous parviendraient dans un million et demi d'années, à compter de l'époque de leur émission. Ce temps, si énorme qu'il paraisse, est comparable à ceux que la simple géologie considère. Ainsi, l'assertion émise par Fourier, que des planètes sont en route pour venir compléter notre système solaire, peut être hasardée mais n'est point absurde.

De ce qui précède, on est autorisé à croire, que chaque étoile, après la précipitation complète de la nébulosité qui l'entourait, envoie des planètes qui tôt ou tard, vont se ranger dans d'autres systèmes stellaires.

Chaque système stellaire complet doit donc avoir deux espèces de planètes, savoir : les indigènes et les étrangères, et quand il passe au chaos, sa matière est un mélange de celles de plusieurs autres systèmes ; et comme depuis l'éternité il y a eu un nombre infini de chaos, la matière est tellement mélangée, qu'on peut affirmer qu'elle est homogène, et la même dans l'immensité infinie de l'espace. Du reste, cela devait être à priori, car s'il en eût été autrement, Dieu n'aurait pas employé le mode le plus simple, et ne serait pas infiniment intelligent, ce qu'on ne pourrait supposer sans absurdité. Planètes indigènes et planètes étrangères.

Sur le Soleil ainsi que sur la Terre, certains volcans lancent des masses énormes de cendre. Ces masses sont bientôt arrêtées, quand la nébulosité du Soleil subsiste encore, et retombent sur cet astre ; mais quand elle est entièrement précipitée, ces matières ténues et pulvérulentes se meuvent dans l'espace, et peuvent rencontrer l'atmosphère d'une planète. C'est ce qui a eu effectivement lieu en 1783 et en 1832, sur notre globe. On a donné à ce phénomène le nom de brouillard sec. Le phénomène a duré plusieurs jours en 1832. J'en ai été témoin à Toulouse, mais comme j'en ignorais la cause, je ne l'ai point observé, et je ne saurais dire s'il laisse sur la surface des corps un précipité cendreux. Brouillard sec.

Supposons qu'une semblable masse de cendres passe au-dessus de notre hémisphère boréal pendant la nuit ; alors le cylindre formé par les rayons lumineux solaires tangents à notre globe, vont couper la sur- Aurores boréales et australes.

face inférieure de la masse cendreuse, suivant une certaine courbe. Ces rayons se réfléchissent et dessinent cette courbe dans l'œil d'un spectateur convenablement placé sur notre hémisphère. Les rayons de lumière qui passent au-dessus du cylindre sont réfléchis de la même manière, et produisent l'apparence d'une masse lumineuse terminée à la courbe ci-dessus. La forme de cette courbe dépend de l'inclinaison et de la forme de la surface réfléchissante. Son point culminant peut se trouver fortuitement, soit dans le plan méridien du spectateur, soit dans le plan magnétique du lieu; mais ce phénomène, qui a reçu le nom d'aurore boréale, n'a aucune connexion avec le magnétisme terrestre. Il doit y avoir aussi des aurores australes dans l'hémisphère opposé au nôtre.

Halos solaires et lunaires.

Une masse cendreuse semblable peut aussi s'interposer pendant le jour entre le Soleil et un spectateur placé sur notre globe. Quand cela arrive, les rayons solaires sont plus ou moins réfractés, suivant la distance de cette masse au spectateur. Ceux qui, après la double réfraction, tombent sur son œil, y dessinent une courbe fermée, lumineuse, qui serait circulaire, si les deux faces traversées étaient parallèles et perpendiculaires au rayon visuel passant par le Soleil. Dans tout autre cas, la courbe n'aura pas son axe vertical égal à son axe horizontal. On a donné le nom de *halo* à la couronne lumineuse ainsi engendrée. Cela va sans dire que la cause de ce phénomène n'est pas connue; on l'attribue à des vapeurs; mais celles qui se forment dans notre atmosphère, ont des formes si bizarres, qu'elles ne se prêtent nullement à sa formation. Pour admettre cette cause, il faudrait faire voir par quels concours de circonstances les formes convenables sont données à la vapeur.

Un phénomène semblable peut se présenter la nuit, quand une masse cendreuse se place entre la Lune et un spectateur ; il a reçu aussi le nom de *halo*. Je me rappelle avoir vu un soir, sur la place du Carrousel, à Paris, un superbe halo lunaire; le ciel était serein, mais il semblait très-légèrement opaque, comme quand, dans les grandes chaleurs de l'été, la poussière ténue soulevée pendant le jour, est encore en suspension dans l'air.

Auréole autour de la Lune.

Il arrive assez fréquemment que la Lune est cernée, c'est-à-dire entourée d'une auréole lumineuse. C'est aussi un phénomène cosmique, produit par le passage d'une masse cendreuse très-près de la Lune, entr'elle et le spectateur. On conçoit, en effet, que toute masse cendreuse qui passe dans le voisinage de cet astre est attiré par lui, et doit couper très-près de sa surface le rayon visuel qui passe par son centre, ce qui explique la fréquence de ce phénomène. Je suis sûr que, quand il a lieu, jamais un spectateur ne s'est avisé de dire : Il passe des cendres solaires au-dessus de ma tête.

Parhélie.

Imaginons, pendant le jour, encore une masse de cendre, tellement placée, qu'une de ses faces réfléchisse l'image du Soleil, à un spectateur, sur notre globe ; l'image ainsi perçue, a reçu le nom de *parhélie*.

Si la masse de cendre présente sur sa surface des plans peu inclinés entr'eux, il pourra en résulter, pour un spectateur, plusieurs images du Soleil, moins lumineuses à la vérité que celle produite par les rayons directs de cet astre.

Paraséfène.

Les mêmes causes peuvent produire les mêmes effets, par rapport à la Lune. Le phénomène qui en résulte se nomme *parasélène,* et consiste en une ou plusieurs images de la Lune, en outre de celle que donnent les rayons directs de cet astre.

Mirage.

Les sables échauffés par le Soleil et la surface des mers, ont la propriété de réfléchir la lumière. Il peut donc arriver, que l'image d'un paysage soit réfléchie par une masse de cendre située au-dessus de l'atmosphère, que les rayons réfléchis tombent sur la surface de la mer ou sur un sable brûlant, y subissent une seconde réflexion et dessinent le paysage dans l'œil d'un spectateur placé sur un vaisseau ou voyageant dans les déserts. Ce phénomène se nomme mirage, et a, pour résultat, de faire voir un pays dont on peut être éloigné de plus de cent lieues.

Effets des cendres cosmiques.

Ainsi, les nuages de cendre projetés par le Soleil, peuvent donner lieu, ou bien à des brouillards secs, ou bien à des aurores boréales et australes, ou bien à des halos solaires ou lunaires, ou bien à des parhélies ou des parasélènes, ou bien enfin, à des mirages, selon que ces masses cendreuses rencontrent notre atmosphère, ou bien passent au-dessus ou au-dessous de notre globe, ou bien se trouvent entre le spectateur et le Soleil ou la Lune, ou bien sont placées de manière à envoyer une ou plusieurs images du Soleil ou de la Lune, ou bien enfin, de telle sorte, qu'elles dessinent, par une double réflexion, l'image d'un pays lointain, dans l'œil d'un spectateur voyageant sur mer ou dans les déserts.

Cette propriété réfléchissante des masses de cendres pourra trouver bien des incrédules, parce qu'on juge d'après ce qui se passe dans notre atmosphère : là les nuages de cendres étant dans l'air, les rayons lumineux qu'ils réfléchissent s'éparpillent dans ce fluide, et il n'en parvient qu'un petit nombre à l'œil d'un spectateur; mais les masses de cendres cosmiques, étant dans l'espace où ne règne pas de fluide aériforme, les rayons de lumière qu'elles réfléchissent arrivent serrés sans dispersion jusqu'à notre atmosphère, la traversent et peignent des images distinctes dans l'œil des spectateurs.

Lumière zodiacale.

Il existe sur la surface du Soleil une multitude de volcans qui projettent normalement des matières cendreuses et phosphorescentes. Les jets s'élèvent à une hauteur qui, dépendant à la fois et de la force de projection et de la force centrifuge, est d'autant plus grande, que le volcan est plus près de l'équateur. L'ensemble des gerbes lumineuses produites par tous ces jets forme un volume très-allongé et sensiblement elliptique; mais la prespective de ce volume pour un spectateur placé sur la Terre, est une sorte de fuseau. Ce phénomène lumineux est appelé *lumière zodiacale*.

Ces gerbes sont accompagnées très-souvent de fumée, et l'on remarque que, quand le Soleil a beaucoup de taches, la lumière zodiacale est plus intense; ce qui semblerait indiquer que, quand les volcans vomissent de la fumée, ils projettent plus de matières lumineuses. Je n'en sais rien, n'ayant vu de volcans, ni sur la Terre, ni sur le Soleil.

Cause de la lumière du Soleil.

Le Soleil a à sa surface des continents, des montagnes, des mers et des lacs. Il n'a pas comme notre Terre des liquides courants.

Les liquides y sont incandescents, c'est-à-dire formés de matières en fusion. Les parties solides sont aussi incandescentes, mais brillent d'un moindre éclat que les liquides. Les montagnes sont moins lumineuses que les parties basses des continents.

Une couche condensée d'éther environne le Soleil. Cette couche en contact avec les corps plus ou moins incandescents, est dans une effervescence continuelle. De tous les points de la surface de l'astre, les molécules de l'éther sont lancées dans tous les sens, jusqu'à ce qu'elles soient arrêtées par leur choc contre celles qui forment l'enveloppe d'éther condensé, et reviennent sur elles-mêmes, en vertu de leur parfaite élasticité et de celle des molécules qu'elles frappent. Ces dernières sont mises en mouvement par le choc qu'elles ont reçu, le communiquent à d'autres, et reviennent sur elles-mêmes et ainsi de suite. Un mouvement alternatif des molécules de l'éther se propage ainsi de proche en proche, dans toutes les directions et porte partout la lumière du corps incandescent qui l'a imprimé. Le Soleil est rendu visible à l'œil d'un spectateur par le choc des molécules d'éther qui se trouvent sur les lignes droites menées de son œil à tous les points de la surface de cet astre.

Couronnes lumineuses et auréole qui entourent le disque du Soleil.

Les molécules d'éther qui ont été lancées par le Soleil et qui y reviennent, sont lumineuses par elles-mêmes, par suite de leur retour continuel sur le corps incandescent et forment une enveloppe lumineuse, tandis que celles qui n'y reviennent pas ne servent que de véhicule à la lumière.

Toutes les molécules d'éther qui sont lancées par le Soleil, ne s'arrêtent pas à la surface extérieure de l'enveloppe lumineuse. Il y en a beaucoup qui la dépassent plus ou moins et forment cette sorte d'auréole, qui existe autour du Soleil et dont les peintres et les sculpteurs ne manquent jamais d'entourer le disque de cet astre.

Il y a donc à distinguer dans le Soleil son disque, sa couronne, qui représente l'enveloppe lumineuse et son auréole. Quand une vapeur légère passe devant cet astre, son auréole cesse d'être visible. Si la vapeur est un peu plus épaisse, on ne peut distinguer ni la couronne lumineuse, ni l'auréole et l'on ne voit plus que le disque.

Il peut arriver que l'auréole ne soit masquée qu'en partie et ne laisse apercevoir que quelques secteurs de rayons lumineux.

Enfin, il peut se faire que la vapeur soit si faible, qu'elle n'intercepte que la pointe des rayons de l'auréole. Dans ce cas, cette auréole a l'aspect d'une seconde couronne moins lumineuse que celle qui environne le disque.

Maintenant, si l'on fait attention que ces couronnes sont produites par des enveloppes lumineuses, on concevra facilement que les cercles qui approchent le plus près du disque, sont les plus lumineux en raison de la plus grande épaisseur de matière éthérée condensée que traversent les rayons visuels qui en donnent la perception et de la plus grande densité de la matière qui les forme.

Les vapeurs de notre atmosphère, ne sont pas les seules causes qui peuvent modifier les aspects du Soleil. Cet astre, continuellement en effervescence, lance des masses de cendres volcaniques, qui produisent les mêmes effets lumineux et ce sont ces matières cendreuses que nous regardons comme les causes des effets de ce genre, attendu que nous ne considérons dans ce travail, que les phénomènes cosmiques et non ceux dont la cause est dans notre atmosphère.

Le grand éclat du Soleil éblouit la vue et empêche de distinguer sa couronne et son auréole ; mais lorsque dans une éclipse totale, son disque est entièrement caché par celui de la Lune, on peut apercevoir suivant la transparence plus ou moins grande de la couche de cendres qui recouvre cet astre, soit une couronne lumineuse et une auréole, soit deux couronnes lumineuses, soit une seule couronne sans auréole, soit seulement le disque obscur de la Lune.

Volcans en activité sur le Soleil, visibles pendant les éclipses totales de cet astre.

Le Soleil a maintenant des volcans en pleine activité. Quand le mouvement de rotation de cet astre les amène dans le plan méridien normal au rayon visuel passant par son centre, en même temps que son disque est occulté par celui de la Lune, ces volcans sont visibles et ont l'aspect de protubérances rougeâtres, qui semblent s'appuyer sur la périphérie de la Lune. Quelquefois, le pied de la masse ignée, que ces protubérances représentent, est masqué par une épaisse fumée et alors les protubérances semblent détachées du disque obscur de la Lune.

Suivant la forme du cratère solaire la matière volcanique lancée peut présenter plus ou moins de largeur à la base et offrir l'aspect ou d'une montagne ordinaire ou d'un massif en surplomb.

Image du Soleil sur le disque obscur de la Lune.

Voici un phénomène qui peut se produire lors d'une éclipse totale de Soleil. Concevons une masse de cendres volcaniques tellement disposée, qu'elle réfléchisse l'image du Soleil sur la surface de la Lune, en un endroit couvert de glace situé sur l'hémisphère obscur. Cette glace réfléchira de nouveau l'image du Soleil, laquelle pourra parvenir à l'œil d'un spectateur placé sur la Terre.

Pour expliquer cette image du Soleil sur le disque obscur de notre satellite, un astronome étranger a imaginé de faire un trou à la Lune, c'est-à-dire de supposer qu'elle était percée d'outre en outre d'un trou, par lequel on voyait le Soleil. A quoi l'on est exposé, quand on veut expliquer un fait particulier dans une science dont on n'a pas la clef.

Image d'un jet volcanique solaire.

Une trainée de cendres solaires pourra semblablement pendant une éclipse totale du Soleil, nous donner la représentation d'une éruption volcanique, c'est-à-dire l'image d'un jet de lave lancée par le Soleil et se mouvant dans les régions voisines de cet astre.

La dernière éclipse totale du Soleil a donné aux astronomes cet intéressant spectacle.

Image de la lumière zodiacale.

La lumière zodiacale peut être aussi réfléchie pendant une éclipse totale de Soleil, par une masse de cendres solaires et par la Lune; mais son image doit être renversée dans l'œil du spectateur, à cause de la double réflexion. Ainsi, en vain le Soleil nous dérobe, par son éclat éblouissant, ce qui se passe à sa surface et dans son voisinage; quand la lumière de son disque est masquée à nos regards par celui de la Lune, nous en avons la représentation sur notre officieux satellite, par l'obligeante interposition d'un miroir de cendres solaires.

Lumière cendrée sur le disque obscur de la Lune.

Pendant une éclipse totale de Soleil, il peut se faire que les rayons de cet astre aillent frapper une masse cendreuse, sans formes bien déterminées, se réfléchissent sur divers points du disque obscur de la Lune, et soient renvoyés à l'œil du spectateur, qui verra aussi sur la partie non éclairée de la Lune, une multitude de petits points lumineux, dont l'ensemble a reçu le nom de lumière cendrée, nom qui, par hasard, rappelle la cause qui produit cette lumière.

Toutes les fois qu'une partie plus ou moins grande du disque de la Lune est obscure, elle peut présenter à la vue une lumière cendrée.

Possibilité de voir un jour la face de la Lune qui n'est jamais tournée de notre côté.

Il y a une face de la Lune, que nous ne voyons jamais. Il est possible de la voir pendant la nouvelle Lune au moyen de deux masses de cendres convenablement inclinées, l'une entre le Soleil et notre satellite, et l'autre à droite ou à gauche vis-à-vis de l'intervalle entre ce satellite et la Terre. Une éclipse totale de Soleil facilitera l'observation de ce phénomène. On ne peut se dissimuler, que trois rencontres aussi fortuites que celle d'une éclipse totale de Soleil et de deux masses de cendres convenablement placées et inclinées rendent ce phénomène excessivement peu probable.

Effets lumineux produits par les montagnes situées sur le limbe de la Lune, pendant les éclipses totales du Soleil

Lorsqu'une éclipse de Soleil est près de devenir totale, les rayons lumineux qui partent de la partie visible encore de cet astre et de sa couronne, en passant entre les dentelures que forment les montagnes de la Lune, situées sur son limbe, produisent l'aspect d'un chapelet de points lumineux semblables à des étoiles. Le même phénomène se reproduit du côté opposé de la Lune, quand les limbes des deux astres sont de nouveau sur le point de se toucher intérieurement. Les dentelures ne sont distinctes, que lorsqu'elles sont produites par une petite quantité de lumière, comme celle des cornes formées par la partie visible du disque solaire, quand l'éclipse est sur le point de devenir totale ou de cesser de l'être; mais lorsqu'une grande masse de rayons lumineux traverse les dentelures formées par les montagnes lunaires, la diffraction leur fait contourner ces montagnes et elles paraissent lumineuses, ce qui produit le même effet que si elles étaient rasées. Ainsi, les points lumineux qui répondent aux intervalles des montagnes se confondent avec la lumière qui contourne ces montagnes, quand l'éclipse va commencer ou finir d'être totale, c'est-à-dire, près des contacts intérieurs des deux limbes. Lorsque le premier contact intérieur commence à cesser, et que les limbes se séparent, les dentelures se projettent sur un fond éclairé plus large; les moins profondes disparaissent, leur nombre diminue ainsi que leur largeur, et enfin toutes les dentelures semblent rasées. Le même phénomène se reproduit en sens inverse à l'approche du deuxième contact intérieur. Dans le premier cas les dentelures, en diminuant de largeur, semblent une matière noirâtre glutineuse, située entre les deux disques, qui s'étire, et dans le deuxième on dirait une matière visqueuse qui s'épate.

Ombres légères et fugitives projetées sur la surface des corps terrestres pendant une éclipse totale de Soleil.

Il passe constamment devant le Soleil de légers nuages de cendres; mais le vif éclat de cet astre empêche de s'apercevoir de leur passage, quand son disque n'est pas masqué par celui de la Lune. Au contraire, lorsqu'il l'est, et que nous ne recevons que la faible lumière de sa couronne et de son auréole, ces nuages de cendres projettent sur la Terre des ombres légères et fugitives, dont la vitesse est d'autant plus grande, que le mouvement des nuages est plus rapide, et qu'ils passent plus près du Soleil.

On a attribué ces ombres à des courants d'air de température, de densité et de réfrangibilité différentes. Dans ce cas, pourquoi y a-t-il de semblables courants? Changer la difficulté n'est point la résoudre. En cosmogonie, l'explication d'un fait n'est absolument rien. Il faut chercher une théorie qui les explique tous. La mienne seule est dans ce cas, du moins pour tous les faits parvenus à ma connaissance, et je ne doute nullement, que ceux que j'ignorais, ou ceux que l'on constatera plus tard, n'y trouvent de suite leur explication avec beaucoup de facilité.

Satellites, sous-satellites cendreux, produisant les phénomènes cendreux lumineux.

On a pu remarquer quel grand nombre de phénomènes lumineux différents, trouvent leur explication dans la supposition, qu'une masse de cendres vient se placer dans une position déterminée, pour les produire. Il est donc naturel de se demander, si chaque fois qu'un de ces phénomènes se produit, la cause en est dans une masse de cendres qui arrive directement du Soleil, ou bien s'il n'y a pas un certain nombre de ces masses qui circulent dans l'espace, autour des planètes et de leurs satellites; car il est évident qu'il ne peut y en avoir qui circulent comme des planètes autour du Soleil. La réponse à cette question ne saurait être douteuse. Oui, il y a des masses de cendres qui décrivent des orbites plus ou moins allongées, autour des planètes et de leurs satellites, et nous les nommerons *satellites cendreux*, ou *sous-satellites cendreux*, selon qu'elles circulent autour d'une planète, ou d'un satellite. Quant à leur forme, elle doit être celle d'une traînée allongée, parce qu'étant formées d'une matière excessivement ténue, elles sont influencées par la résistance de l'éther. Elles ont aussi trop peu de masse, pour que, par suite de l'attraction réciproque de leurs molécules, leur coupe transversale soit un cercle, et elles devront conserver la forme qu'elles ont prise au sortir du cratère qui les a projetées*. C'est donc à des satellites ou sous-satellites

* Quoique nous ne l'ayons dit nulle part, il est bien entendu

de cendres, que dans notre système solaire, nous devons attribuer les halos lunaires et solaires, les aurores boréales et australes, les parhélies et les parasélènes, qu'on observe sur notre globe. Quant aux brouillards secs, ils peuvent être produits par des masses cendreuses venant directement du Soleil. Il n'est pas impossible, qu'en se mêlant à l'air que nous respirons, ces cendres ne produisent des maladies particulières, le choléra, par exemple. En 1832, quand cette dernière maladie sévissait en France, il y a eu des brouillards secs. C'est aux médecins et aux météorologues, à faire des recherches à cet égard.

Je ne doute nullement, qu'après de nombreuses observations nouvelles, et en scrutant les anciennes, les hommes ne parviennent à déterminer les orbites de satellites cendreux de notre globe ou de notre Lune, et à prédire les halos, les aurores boréales et australes, les parhélies, les parasélènes, etc., comme on prédit les éclipses de Soleil et de Lune.

Constitution physique du Soleil. Il résulte déjà de tout ce qui précède, que dans son état actuel, le Soleil est composé d'un noyau central liquide, d'une écorce solide et d'une atmosphère indéfinie d'éther, que cette atmosphère, par son contact avec la surface incandescente de cet astre, produit divers aspects signalés précédemment, et qu'enfin la surface du Soleil présente des mers, des lacs, des continents, des montagnes et des volcans.

Il n'est donc pas composé d'un noyau obscur,

que les masses cendreuses sont imperméables à l'éther, autrement elles s'éparpilleraient dans l'espace.

entouré d'une ou plusieurs enveloppes lumineuses comme le croient quelques astronomes qui, ne connaissant pas la génération du Soleil, se sont laissé tromper par le témoignage de leurs yeux. En effet, ils ont pris les taches noirâtres causées par des nuages de fumée, pour le noyau obscur mis à découvert, par le déchirement de l'enveloppe lumineuse.

Les plateaux supérieurs et les sommets des montagnes sont plus refroidis et moins brillants que leurs versants. Les premiers ont ainsi l'aspect d'un noyau obscur par rapport aux seconds, et ceux-ci d'une pénombre, si on les compare aux premiers. Ces pénombres sont d'autant moins lumineuses, qu elles s'éloignent de leur base.

L'éclat des continents est plus intense que celui des pénombres, c'est-à-dire des versants des montagnes, et il est moins grand que celui des mers et des lacs, par la même raison qu'un métal solidifié, quoique encore incandescent, brille moins que le même métal en fusion.

Des lacs peuvent être d'une création postérieure à celle des mers. Dans ce cas, leur fluide étant plus récemment sorti du sein de l'astre, doit être plus chaud, plus incandescent que le liquide des mers. Ce sont sans doute ces parties les plus lumineuses du Soleil que les astronomes appellent *facules*. Les lacs de même date que les mers forment aussi au milieu des continents des taches lumineuses qui doivent être classées parmi les facules.

Il y a sur le Soleil des cratères de dimensions

énormes. Leur fond étant dans certaines circonstances rempli d'une fumée noirâtre, leur ensemble a l'aspect d'un noyau obscur entouré d'une pénombre, dont la lumière diminue en s'éloignant du noyau; ce qui est précisément le contraire des pénombres formées par les versants des montagnes.

Au milieu d'un lac, ou mer intérieure, peut s'élever un volcan vomissant des torrents d'une fumée noire et épaisse; ce qui produit une tache noire au milieu d'une facule.

La surface du Soleil a de nombreuses crevasses et gerçures remplies de lave liquide, provenant d'éruptions volcaniques postérieures à la formation des mers. Leur aspect sur les continents est donc celui de stries lumineuses. Je suppose que ce sont ces stries que les astronomes appellent *lucules*.

Le Soleil a sur sa surface une multitude de pics volcaniques, dont les cratères sont remplis de lave liquide et incandescente. Ils semblent des points brillants, c'est évidemment à ces points qu'on a donné le nom de pointillé.

Les tourbillons de fumée qui s'élèvent des volcans et se répandent sur la surface du Soleil, y produisent des taches mobiles plus ou moins étendues, qui finissent par disparaître, quand l'attraction de l'astre fait retomber la fumée sur sa surface.

La fumée qui se dépose ainsi sur la surface du Soleil, et qui s'y brûle ensuite, dépose en même temps des cendres qu'elle avait entraînées. Ces cendres excessivement ténues sont mises en mouvement par les molécules d'éther qu'agite la surface incandescente de l'astre. Ce mouvement produit cette trépidation de la lumière, que l'on remarque sur la surface des corps terrestres par les grandes chaleurs de l'été et un ciel sans nuages.

Digression.

Je suis convaincu que si l'homme de génie, qui a découvert la science sociale, avait connu ma Cosmogonie, il n'aurait pas affirmé que le Soleil est habité. Il aurait reconnu lui-même que cet astre est un immense fanal, que Dieu a placé dans le ciel pour éclairer et échauffer des astres d'un ordre inférieur, qu'il a engendrés lui-même et pour les rendre habitables. Quel végétal pourrait croître, quel animal pourrait vivre sur un globe incandescent livré entièrement à la fureur volcanique. La gloire de Fourier est assez grande, d'avoir découvert le code divin, qui doit faire le bonheur de l'humanité. Dieu ne donne point à un seul homme la mission de tout découvrir. Fourier a créé la science sociale par la seule force de son génie. J'ai trouvé ma Cosmogonie dans les Notices scientifiques de l'illustre Arago; mais, comme je l'ai déjà dit, il était réservé à un artilleur de l'y trouver. Ce sont mes connaissances en balistique qui m'ont mis sur la voie de cette recherche. Il faut convenir pourtant que les astronomes eussent fait cette découverte, s'ils avaient osé douter de l'assertion de Laplace, qui a prouvé qu'un corps lancé par le Soleil, doit y repasser après chaque révolution.

J'adjure ici mes amis les phalanstériens, de ne pas repousser ma Cosmogonie, parce qu'elle contrarie quelques vues de Fourier, et les astronomes de ne pas la déclarer fausse, parce qu'elle est en opposition avec une assertion de Laplace. Le Traité de l'Unité universelle constitue une science complète parfaite. La Mécanique céleste est un chef-d'œuvre de l'intelligence humaine; mais la Cosmogonie n'existe pas, car la seule qu'on ait présentée (celle de Laplace) est insoutenable. Pourquoi donc ne l'aurais-je pas découverte, puisque ma vocation me poussait vers cette recherche.

De la Lune. Après cette digression qui a échappé malgré moi à ma plume, revenons à mon objet et disons un mot de la Lune. Et ici, témoignons encore notre regret du mépris profond qu'avait Fourier pour cet astre. Cet homme de génie ignorait qu'un satellite est donné à une planète éloignée de son Soleil, pour agiter ses mers et les empêcher d'être croupissantes et infectes. Il ignorait aussi, que les divers astres composant un système ne sont pas habitables à la fois, que la vie commence dans les plus petites planètes, qu'elle gagne successivement les plus grosses et que ce n'est qu'au bout d'un temps énorme, que les Soleils deviendront habitables, quand les planètes ne le seront plus.

La Lune a été originairement composée d'un noyau liquide incandescent, entouré d'une enveloppe nébuleuse; le noyau s'est durci à la surface, puis a été entouré d'une couche liquide, précipitée par la nébulosité lunaire. Des éruptions volcaniques y ont soulevé des continents et des montagnes, affaissé le fond des mers et des lacs. Le Soleil fonctionnant sur notre satellite comme aujourd'hui sur notre terre, a donné naissance aux fleuves. Actuellement elle est morte ; mais toute morte qu'elle est, elle nous rend des services éminents.

Ses mers, ses lacs, ses fleuves, sont congelés. Son atmosphère, après avoir été précipitée à l'état liquide est maintenant convertie en glace. Avant que l'eau de ses mers fût congelée jusqu'au fond, il y a eu sur cet astre, des éruptions volcaniques, qui ont fait surgir des montagnes d'une hauteur démesurée comparée au diamètre de cet astre. Voici l'explication de ce fait : Quand la mer est encore à l'état liquide, il n'y a qu'une colonne fluide, ayant pour base, le fond de l'abîme, qui s'oppose à l'expansion de la vapeur formée par l'eau qui s'est introduite sous l'écorce solide par cet abîme. L'énergie de cette vapeur est en raison du poids de cette colonne fluide; mais quand toute l'eau de la mer est gelée, à l'exception d'une petite épaisseur au fond de la mer, il arrive que l'eau, en se gelant, augmente de volume, exerce une énorme pression sur le fond de l'abîme, alors le liquide, qui s'introduit sous l'écorce solide, se convertit en vapeur et l'énergie de la vapeur étant en raison de la masse totale de la mer convertie en glace, donne lieu aux soulèvements énormes qui ont produit ces montagnes, dont la hauteur dépasse celle des plus hautes montagnes terrestres.

La Lune a-t-elle été habitée de son vivant? c'est peu probable; car nous tournant toujours la même face, l'eau de ses mers n'est point agitée par l'attraction de notre Terre ; elle doit l'être fort peu par l'action du Soleil, puisque la Lune ne fait autour de lui qu'une révolution en vingt-neuf jours. Ses mers doivent donc être croupissantes et infectes et rendre ce satellite inhabitable. Du reste, c'est le sort de tous les satellites des planètes.

Tout en émettant cette opinion, il me répugne de condamner tous les pauvres satellites à l'impuissance de donner la vie à des hommes et à des animaux. On me ferait donc plaisir en me prouvant que je m'exagère l'importance de l'agitation des eaux marines sur la vie animale.

Des transformations de la Terre depuis sa création jusqu'à nos jours.

Quand nous avons décrit la formation des planètes, nous les avons laissées à l'état d'un noyau liquide incandescent, entouré d'une enveloppe nébuleuse, qu'elle s'est appropriée aux dépens de la nébulosité solaire et qu'elle a conservée après la précipitation de cette nébulosité sur le Soleil. Voyons maintenant par quels états successifs a passé la Terre pour parvenir à son état actuel.

Il s'est formé, comme pour le Soleil, à l'état d'étoile nébuleuse, une écorce solide, sur le noyau liquide. Une partie de la nébulosité s'est précipitée sur cette écorce et y a déposé une couche liquide, qui s'est solidifiée à son tour. Sur cette nouvelle croûte, après son refroidissement, s'est précipitée plus tard l'eau, qui était tout entière à l'état de vapeur dans l'atmosphère. A cette époque la Terre était composée d'un noyau central incandescent, d'une écorce solide, d'une couche d'eau et d'une atmosphère, contenant les mêmes gaz qu'aujourd'hui.

On peut aussi admettre, que le premier précipité nébuleux a eu lieu quand le noyau liquide n'était pas encore recouvert d'une écorce solide, et qu'il ne s'en est formé une qu'après ce précipité. C'est aux géologues à décider laquelle des deux hypothèses s'accorde le mieux avec les faits géologiques.

Quoi qu'il en soit, supposons que la Terre est encore composée d'un noyau liquide central, d'une écorce solide, d'une couche d'eau à l'état liquide et d'une atmosphère gazeuse, et que l'écorce a la forme d'une sphère aplatie, que la force centrifuge avait fait contracter un noyau liquide avant la solidification de sa surface.

Dans cet état, le refroidissement successif de la croûte a dû y produire des crevasses. L'eau s'y est introduite jusqu'au noyau liquide incandescent, s'y est convertie en vapeurs, a soulevé des portions de l'écorce solide et en a affaissé d'autres; d'où sont résultés les continents, les mers et les lacs.

D'autres soulèvements successifs ont produit les chaînes de montagnes.

Les éruptions volcaniques terrestres ont-elles modifié le mouvement de translation de notre globe autour du Soleil, la direction de son axe et sa vitesse de rotation? Cela n'est pas absolument impossible; mais nous ne pensons pas qu'elles ont altéré sensiblement les mouvements primitifs de notre planète.

Dans le Soleil, ce sont les éruptions volcaniques qui ont produit ses mouvements de translation dans l'espace, et de rotation autour de son axe; mais, si l'on fait attention que la force expansive des gaz croît en raison de la chaleur et de la résistance de la croûte solaire au mouvement, et que cette résistance augmente avec la gravité, on demeurera convaincu que la force volcanique de la Terre est incomparablement plus faible que celle du Soleil, et n'a pu causer que des altérations insignifiantes dans les directions et les vitesses initiales des mouvements de notre planète.

Opinion de M. de Boucheporn sur la formation des montagnes.

Un géologue distingué, M. de Boucheporn, pense que les montagnes terrestres et les divers accidents qu'elles présentent ne peuvent être le résultat d'une force intérieure. Il attribue toutes celles qui ne sont pas formées d'éjections volcaniques, c'est-à-dire de laves projetées par les volcans, aux chocs successifs de quatorze comètes qui ont disloqué à diverses époques la croûte solide de la Terre et changé la direction de son axe. Dans le système de ce géologue, la Terre ayant un noyau liquide qui, après chaque choc se renfle suivant le nouvel équateur, les morceaux de la croûte solide s'appliquent sur ce noyau et en affectent ainsi la forme.

Ce système est fort ingénieux; mais nous le repoussons parce que ce n'est pas le fait de la nature, de livrer au hasard des causes lointaines, ce qui peut être produit par des forces inhérentes au système, et que nous sommes convaincu que toutes les montagnes terrestres sont ou formées par des laves vomies par les volcans, ou bien par des soulèvements, affaissements et dislocations résultant de la force volcanique.

En effet, on nous accordera facilement que la surface intérieure de la croûte solide du globe présente d'énormes aspérités, des creux plus ou moins profonds. Cela admis, supposons de l'eau parvenue dans un vide allongé entre cette surface raboteuse et celle du noyau central. La force expansive du gaz engagé dans les parties rentrantes de l'écorce tendra à la briser, à soulever les éclats et à les écarter latéralement dans tous les sens; or il suffit de regarder une carte d'Europe, où les montagnes sont en relief, pour être convaincu que toutes ces montagnes ont pu être produites par les forces de soulèvement, d'écartement, dont nous venons de parler, combinées avec la pesanteur.

La forme extérieure de notre globe peut donc être expliquée, sans avoir recours à l'intervention du choc de quatorze comètes. M. de Boucheporn a besoin, suivant les probabilités, de quarante-deux millions d'années pour que ces rencontres aient lieu. Bien qu'en cosmogonie ce temps ne soit pas effrayant, il répugne à l'esprit, d'admettre qu'il faille un temps aussi considérable, pour faire passer le globe à des états aussi peu différents que ceux où ils se trouvent avant et après ces chocs. Cette considération porterait à des milliards d'années le temps qu'il faudrait pour amener notre planète, depuis son origine jusqu'à l'époque où elle put être habitée. En vérité cela rapetisse la Divinité, si elle a besoin de temps aussi considérables pour mettre en état de service un petit globe comme le nôtre. On peut admettre avec M. de Boucheporn quatorze créations de montagnes, et c'est pour les géologues une étude curieuse, que celle des causes qui ont provoqué les éruptions volcaniques qui les ont soulevées*.

Des divers déluges.

Si la formation des montagnes peut s'expliquer sans l'intervention de chocs extérieurs, il en est de même du déluge. On en trouve la cause dans un soulèvement du fond des mers, accompagné d'un affaissement des continents qu'auraient envahis les eaux déplacées par les soulèvements. Il n'y a donc jamais eu de déluge universel, c'est impossible, et les géologues ont reconnu que, depuis la formation du globe, les continents ont pris plusieurs fois la place des mers et réciproquement; ce qui a causé des déluges partiels dont le plus récent est celui qui a eu lieu depuis que la Terre est habitée, et que la tradition nous a donné comme un déluge universel.

On a trouvé ensevelis sous la glace, dans les régions polaires, des animaux qui ne vivent maintenant que dans les zones torrides; mais ces animaux avaient de longs poils comme ceux qui habitent les contrées glaciales, tandis que leurs similaires dans les contrées voisines de l'équateur, n'en ont point ou n'en ont que

* J'incline à croire que les grands soulèvements ont été le résultat d'éruptions volcaniques provoquées par l'attraction combinée du Soleil, de la Lune et de plusieurs planètes, se trouvant momentanément du même côté de la Terre, à peu de distance d'une même ligne passant par notre globe. Dans ce cas, la recherche de ces diverses rencontres est du ressort des astronomes. Une forte comète qui serait passé près de la Terre, aurait pu également avoir provoqué une éruption volcanique capable de produire un grand soulèvement.

de très-courts. Il est permis d'admettre que des animaux des pays chauds se sont approchés du nord pendant l'été, qu'un cataclysme a empêché leur retour pendant l'hiver, qu'ils se sont acclimatés et que la nature leur aura donné une fourrure, pour les garantir du froid durant les longs hivers.

Il n'est donc pas besoin d'un changement d'axe, pour expliquer la formation des montagnes, des divers déluges et la présence d'animaux des pays chauds trouvés dans les glaces du nord. D'ailleurs l'axe de la Terre ayant sensiblement la direction que ma théorie lui assigne, il serait fort peu probable, qu'après les quatorze chocs de M. de Boucheporn, il eût encore à peu près cette direction *.

Phénomènes éthériques.

L'attraction de la Terre condense plus ou moins l'éther à sa surface, fait pénétrer ce fluide dans ses pores à des profondeurs plus ou moins grandes.

L'éther remplit dans l'intérieur des corps les vides que l'on nomme pores.

L'eau étant très-perméable à l'éther, ce fluide traverse l'épaisseur des mers, des lacs, et se condense sur le fond sur lequel elle repose.

L'air tout-à-fait sec est imperméable à l'éther; mais

* Si l'axe de notre globe n'est pas tout-à-fait normal à celui de l'écliptique, cela provient de ce que les éruptions volcaniques, qui ont soulevé l'Europe, l'Afrique, l'Asie et la Nouvelle-Hollande, situées sur le même hémisphère, ont été plus considérables que celles qui ont soulevé l'Amérique, qui seule occupe l'hémisphère opposé, et qu'il y a eu plus de soulèvements dans l'hémisphère boréal que dans l'hémisphère austral.

quand il est humide, il se laisse traverser plus ou moins facilement par ce fluide subtil.

L'éther retenu à la surface des corps terrestres par l'attraction de ces corps et celle du globe, peut se mouvoir avec une énorme vitesse en obéissant à l'attraction d'autres corps. L'attraction réciproque de ces corps tend à accumuler le fluide éthéré sur certaines parties de leurs surfaces, et à en priver plus ou moins les parties opposées.

Un corps est à l'état naturel, quand l'éther y est uniformément répandu et n'exerce aucune action.

Il est éthérisé ou polarisé quand une partie de sa surface est privée d'éther et que la partie opposée au contraire contient celle qui a été enlevée à la première.

L'éther libre attire les corps à l'état naturel et repousse ceux où ce fluide est accumulé.

L'éther attire très-fortement les corps ou les parties des corps privées de ce fluide.

Les corps à l'état naturel attirent ceux qui sont privés d'éther.

Par l'aimantation on fait refluer l'éther vers une extrémité d'une aiguille d'acier, ce qui rend ce fluide plus rare à l'extrémité opposée.

Par le frottement de certaines matières, l'éther engagé dans leurs pores et adhérent à leur surface devient libre et passe avec rapidité sur la surface d'un corps à l'état naturel, quand on approche ce dernier corps de la surface de la matière frottée. Les pointes métalliques surtout, en raison de leur peu de volume comparé à leur surface favorisent ce passage de l'éther libre accumulé à la surface des corps et qui ne peut se dissiper à cause de l'imperméabilité plus ou moins grande de l'air.

Ces divers principes admis, passons à l'explication de quelques phénomènes qui se passent à la surface de la Terre.

Direction de l'aiguille aimantée.

En jetant les yeux sur une mappe-monde, on voit que dans l'hémisphère boréal, les continents en occupent la plus grande partie, tandis qu'au contraire les mers dominent dans l'hémisphère austral. L'eau est spécifiquement plus légère que la terre. Par suite du mouvement de rotation du globe, le liquide central s'applique contre la surface intérieure de l'écorce solide du globe. De là, il résulte que l'hémisphère boréal en raison des continents et des montagnes qui s'élèvent au-dessus du niveau des mers présente plus de masse attirante que l'hémisphère austral, où la surface de l'écorce solide s'abaisse presque partout plus ou moins au-dessous de ce niveau. Ainsi le pôle privé d'éther d'une aiguille aimantée doit se diriger à peu près vers le pôle nord, mais sa direction en un point quelconque de la surface du globe, dépend de la position de ce point par rapport aux masses attirantes. J'ignore si jamais les savants ont, dans leurs considérations astronomiques, tenu compte de la position du centre de gravité de la Terre, qui n'est probablement pas sur l'axe et se trouve à une certaine distance de l'équateur dans l'hémisphère boréal *.

* Qui sait si un jour, sachant tenir compte de la résistance

L'attraction de la matière terrestre à l'état naturel en raison des masses et inverse du quarré des distances n'est pas la seule cause qui agit sur l'aiguille aimantée. L'éther libre condensé à la surface de la Terre a aussi une action plus ou moins grande sur cette aiguille. Cette seconde cause a un effet constant, qui s'ajoute à celui de la première; mais elle peut en outre en produire de très-divers, desquels résultent les variations qu'on observe sur un même lieu dans l'inclinaison et la déclinaison de l'aiguille aimantée.

L'éther est plus condensé à la surface de la Terre dans les lieux que le Soleil n'a pas encore échauffés de sa présence, que dans ceux où il a déjà passé. D'où il résulte que l'aiguille aimantée doit décliner vers l'ouest dans la matinée et retourner vers l'est dans l'après-midi.

Elle doit aussi subir l'influence de la Lune et par sa masse et par l'atmosphère d'éther condensé dont est entouré cet astre *.

Ethérisation de la matière.

Puisque la matière à l'état naturel attire l'éther libre, elle tend donc à fairè passer les corps de l'état

de l'éther, on ne parviendra pas à déterminer la distance du centre de gravité de la Terre à l'équateur, par des observations précises de son mouvement aux solstices.

* L'éther condensé qui entoure le globe lunaire devient lumineux par l'ébranlement que produit sur l'hémisphère frappé des rayons du Soleil le choc des molécules de l'éther de l'espace et qui se communique à la partie de l'enveloppe éthérée qui ne reçoit pas les rayons directs du Soleil. Ainsi, quand le ciel est serein, le disque entier de la Lune est visible, bien qu'une partie seulement soit éclairée par le Soleil.

naturel à l'état éthérique. Il y a certaines matières, telles que l'aimant, qui subissent dans le sein de la Terre cette influence, c'est-à-dire que l'éther est attiré du côté où l'attraction est la plus forte et abandonne la partie opposée. Ainsi un aimant naturel, suspendu librement dans l'air, prendra la même position que dans le sein de la Terre. Du reste, les matières ainsi polarisées dans l'épaisseur de la croûte solide du globe exercent des influences occultes sur la direction de l'aiguille.

Une tige de fer suspendue verticalement, doit, à la longue, se polariser, ce qui tend à la dénaturer. Les ferrures des bâtiments subissent une influence éthérique, qui en modifie la nature, lorsqu'elle est longtemps prolongée.

Un frottement vif, continu et toujours dans le même sens, du fer, par exemple, contre un autre corps, peut en altérer les propriétés, en chassant l'éther qu'il renferme, sans lui laisser le temps de s'y replacer dans les mêmes conditions où il était, et nuire à sa qualité. Je me figure que les essieux des locomotives et wagons, sur les chemins de fer, doivent souffrir de ce mouvement continu de l'éther, et que peut-être on obvierait à cet inconvénient, en plaçant de temps en temps, à gauche, la fusée qui était à droite, ce qui changera le sens du frottement.

Influence éthérique des surfaces sur une aiguille en bois.

Dans un appartement, l'éther qui est engagé dans les murs est attiré par la Terre, et se condense à sa partie inférieure, la partie supérieure est privée de ce fluide. Vers le milieu de la hauteur, les parois sont à l'état naturel ; concevons maintenant, qu'on ait une aiguille en bois, reposant vers son extrémité sur un pivot, et maintenue horizontale par un contre-poids. Admettons que cette aiguille soit revêtue d'une couche d'éther condensé, si on la place près du sol, près d'un mur, la répulsion de l'éther accumulé dans la partie inférieure de ce mur, la fera converger vers l'intérieur de la pièce. Si on la transporte près du mur opposé, elle convergera encore vers l'intérieur, c'est-à-dire qu'elle prendra une direction tout-à-fait opposée à celle qu'elle avait dans la première expérience.

Si on place l'aiguille près du plafond, sur les mêmes verticales où elle se trouvait dans les deux expériences précédentes, la répulsion se changera en attraction, et l'aiguille aura sa pointe vers le mur près duquel elle sera établie.

Dans un appartement, si l'on fait, sous un tambour en carton ou un bocal en verre, une expérience semblable, on obtiendra les mêmes résultats.

Un bocal se polarise assez promptement, comme on va le voir. Si l'on place une aiguille en bois dont le pivot est supporté par un plateau, et qu'on recouvre le tout d'un bocal cylindrique en verre, l'aiguille prend une certaine direction. Si l'on fait faire au plateau un quart de conversion, ce qui semble ne changer rien à l'état du système, l'aiguille est entraînée, et ce n'est qu'au bout d'un certain temps qu'elle revient à la première position.

Si l'on suspend au point central d'un plafond une

grande aiguille en bois, elle finit par prendre une certaine position d'équilibre, qui dépend de l'attraction terrestre et des attractions locales environnantes. Si une personne s'établit sur une chaise et y reste quelque temps, l'aiguille se dirige vers elle et y reste stationnaire, tant que cette personne ne bouge pas. Lorsque l'aiguille a pris sa position d'équilibre pendant qu'il n'y avait personne dans la pièce, et que quelqu'un survient et s'y promène, il ne dérange pas sensiblement l'aiguille, bien qu'il agite l'air en se promenant.

Voici comment s'explique ce phénomène : L'aiguille en bois étant dans le haut de l'appartement, son enveloppe d'éther a été attirée par la partie supérieure des murs, qui en est privée ; probablement qu'aussi le fluide inhérent à cette aiguillelui a été enlevé par les mêmes surfaces. Or, le corps humain est revêtu d'une couche d'éther ; il doit donc attirer à lui l'aiguille en bois, qui en est plus ou moins privée.

Une aiguille en bois de quatre mètres de longueur appliquée contre un mur et susceptible de se mouvoir, dans un plan parallèle à ce mur, autour d'un point de suspension, près d'une de ses extrémités, prend, au moyen d'un contre-poids, une certaine position d'équilibre. Elle présente des variations diurnes, dont quelques-unes dépassent un mètre, et qui ont des relations avec les positions de la Lune dans son orbite, et du Soleil sur l'écliptique. On devait s'y attendre*.

* Les expériences sur les aiguilles en bois que j'ai citées, ont

Le corps humain subit des influences plus ou moins grandes de la part de l'éther. Il n'est pas indifférent pour lui, que le lit où il repose soit établi du nord au midi, ou de l'est à l'ouest, ou réciproquement. On pourrait, par des dispositions faciles à concevoir, attirer l'éther vers les pieds ou vers la tête d'un malade, selon l'effet qu'on voudrait produire. On pourrait donner à ce fluide un mouvement alternatif. Tous les divers contacts des hommes produisent des effets éthériques. A-t-on essayé d'éthériser l'eau à boire par un des nombreux procédés que la science et l'industrie ont inventés ?

Il est aisé de se rendre compte que les passes d'un magnétiseur ont pour résultat d'accumuler l'éther dans une partie du corps humain, d'en diminuer la vitesse de circulation et de produire l'assoupissement, et que les passes en sens contraire peuvent produire le réveil. Le repos permet aux causes éthériques locales d'agir toujours dans le même sens et diminuent également l'activité du mouvement éthérique dans le corps de l'homme et finit par causer le sommeil.

Je me figure qu'il est possible d'expliquer le mécanisme de la vie au moyen de l'éther. Je laisse à quelque Promethée cette recherche.

Pendant l'hiver de 1836 à Strasbourg, j'ai remarqué qu'après une forte chute de neige, cette neige touchait

été faites par M. Leforestier, demeurant à Moulins, près de Metz ; elles sont excessivement intéressantes, et assurent, à leur auteur, un rang distingué parmi les observateurs. Elles ont confirmé toutes mes opinions sur l'éther.

le pied du tronc des arbres et que quelques jours après sans dégel, elle en était détachée de quelques centimètres. Cet effet est produit par l'éther qui, attiré par le globe, s'accumule au pied des arbres et repousse la neige par sa force expansive. La neige est donc imperméable à l'éther ; autrement, il aurait pénétré la neige sans la repousser.

De ce dernier fait, il suit qu'il y a le long du tronc des arbres et de la tige des plantes un courant d'éther de haut en bas. Si la terre est bien humide autour de ce tronc, le fluide descend en suivant les racines qui l'aspirent par leurs pores. Il pénètre dans les canaux humides que présente le tissu des racines, il s'y condense par l'attraction du globe ; puis, quand la terre est échauffée, il se dilate et remonte des racines au tronc ou à la tige et aux branches en entraînant avec lui une partie de l'humidité qu'il soutire à la terre. C'est ainsi que l'éther contenu dans un air humide est attiré par les feuilles, les branches et le tronc, descend le long de leurs surfaces dans le sein de la terre, puis suivant les racines, y pénètre, remonte par les canaux intérieurs, où il porte la vie et s'exhale enfin par les feuilles. La vie des plantes est donc produite par un mouvement descensionnel de l'éther le long des surfaces extérieures et un mouvement ascensionnel du même fluide dans les canaux intérieurs. Je conclus de là, que ces canaux se prêtent parfaitement au mouvement de haut en bas et peu ou point au mouvement en sens contraire et je m'imagine que si ayant coupé un tronc d'arbre, on voulait par la méthode Boucherie y faire pénétrer un liquide en y plongeant le haut de l'arbre, on n'y réussirait pas. Je me figure aussi, que si près de terre on faisait au tronc d'un arbre une ceinture avec une matière imperméable à l'éther, de la suie par exemple, on le ferait périr, en gênant le courant de l'éther descensionnel au-dessous du tronc. Si autour du tronc d'un arbre la terre est parfaitement dure et sèche, la même chose arrivera. Le labour de la terre pour la culture des céréales et de toutes les plantes a pour effet de la rendre meuble, pour le passage de l'éther. La glace est imperméable à l'éther, d'où vient que les plantes délicates périssent, quand leur tige est étranglée par la terre gelée, parce qu'alors le courant descensionnel de l'éther est arrêté et n'arrive plus aux racines. Quant aux plantes fortes, elles dégagent assez de chaleur pour empêcher l'étranglement produit par le gonflement de la terre quand elle gêle. Les engrais doivent être très-perméables à l'éther. Je déclare ici, que j'ai des connaissances peu étendues en agriculture et que j'ai improvisé tout ce qui précède par la seule force de ma théorie. J'ai la conviction que tous les phénomènes de la végétation y trouveraient leur explication. Maintenant que je ne dois plus mon temps à l'artillerie, je m'occuperai de météorologie et des phénomènes qui ont rapport à la végétation.

Variation du baromètre.

Nous avons dit que l'air sec est imperméable à l'éther. Cela étant, l'hémisphère antérieur de l'atmosphère terrestre est comprimé par l'éther, par suite du mouvement de translation de notre globe suivant son orbite. Cet hémisphère étant condensé, les molécules sont plus rapprochées de la Terre et exercent une plus forte pression. Ainsi sur l'équateur, par exemple, si l'on place un baromètre sur le point du globe qui correspond au sommet de cet hémisphère, la hauteur qu'indiquera cet instrument sera la plus grande possible. Si en même temps on mesure cette hauteur sur le point diamétralement opposé et sur ceux qui sont situés sur les extrémités du diamètre perpendiculaire, on trouvera des hauteurs moindres. Autrement dit, si, sur un même point de l'équateur, on mesure la hauteur du baromètre à six heures du matin, à six heures du soir, à midi et à minuit, on devra trouver que la plus forte hauteur est à six heures du matin, qu'elle décroît jusqu'à six heures du soir et qu'elle augmente jusqu'à six heures du matin. Cela ne se passe pas tout-à-fait ainsi, parce que les effets ne sont pas instantanés; mais le baromètre a une variation diurne et suit une loi semblable, non-seulement sur l'équateur, mais sur tous les parallèles du globe. Seulement elle doit décroître en s'approchant des pôles.

Quand l'air est humide, il se laisse pénétrer par l'éther. Une partie de ce dernier fluide le traversant va frapper la Terre sans comprimer l'air, ce qui explique pourquoi le baromètre est bas, quand il y a des vapeurs dans l'air.

La compression de l'air qui produit la résistance de l'éther doit visiblement être la plus grande possible aux solstices sur les points du globe situés dans le voisinage des tropiques.

Les masses du Soleil, des planètes et des satellites

ont été calculées sans tenir compte de la résistance de l'éther. Si cette résistance était proportionnelle aux masses des astres, les masses obtenues seraient exactes, puisqu'elles ne représentent que des rapports ; mais, comme cette résistance dépend aussi du diamètre et de la vitesse de ces corps, les masses calculées sont plus ou moins inexactes. Les variations diurnes du baromètre serviront un jour à la détermination de la résistance de l'éther.

Des vents. L'air est attiré par le Soleil, par la Lune et par un astre quelconque de notre système, quand la distance du centre de l'astre est plus faible que sa distance au centre du globe. De là naît une complication très-grande dans les vents produits par ces diverses attractions.

Vent d'est. Il y a un vent qui souffle constamment de l'est à l'ouest : ce vent n'est dû évidemment à l'attraction d'aucun astre. Il l'est selon nous, à la résistance, que l'éther oppose au mouvement de rotation de l'atmosphère et à son mouvement de translation. En effet, considérons la surface antérieure de l'atmosphère : sa partie extérieure, par rapport à l'orbite de la Terre, éprouve plus de résistance par suite du mouvement de translation du globe, que la partie intérieure de cette même surface, puisque dans l'une la vitesse de rotation est dans le sens du mouvement de translation et que dans l'autre elle est dans le sens contraire. La vitesse de rotation de l'atmosphère est donc diminuée, d'où résulte un vent opposé au mouvement de rotation du globe, c'est-à-dire de l'est à l'ouest. La vitesse de ce vent est peu sensible sur les continents, à cause des montagnes et autres circonstances locales. D'après l'explication que nous venons de donner du vent d'est, il est évident que sa vitesse va en diminuant de l'équateur vers les pôles. Aussi n'est-il sensible qu'entre les tropiques.

Voici comment les physiciens expliquent le vent d'est entre les tropiques. Dans ces régions, la chaleur du Soleil raréfie l'air, qui s'élève en se dilatant. La raréfaction de ce fluide donne lieu dans les régions inférieures à des courants d'air froid, des pôles vers l'équateur, et à des courants d'air chaud, dans les régions supérieures, dans le sens opposé. Or, l'air qui vient des pôles a une vitesse de rotation moindre que celle de l'équateur, d'où résulte évidemment un vent d'est. Cette explication est très-plausible; ce qui n'exclut pas la mienne et prouve qu'il y a deux causes qui concourent au même effet.

Tout d'abord, j'ai énoncé l'opinion que l'éther est le fluide qui produit tous les phénomènes lumineux, calorifiques, électriques, magnétiques, galvaniques, animiques, que c'est le moteur de la végétation, de la vie animale, de l'intelligence, des passions humaines, de l'instinct des animaux, etc. En un mot, l'éther, pour achever ma pensée, est la partie spirituelle de Dieu, c'est l'esprit, comme la matière en est la partie palpable et pondérable. Cela est ainsi, ou cela doit être mieux; car Dieu ne peut être au-dessous de la conception d'un simple mortel. Dieu n'a que deux moyens de se manifester: par ses œuvres et par l'in- Dieu.

telligence humaine. L'homme qui dit une vérité est le représentant de Dieu. Jésus-Christ est Dieu pour avoir prêché la fraternité : vérité éternelle, condition *sine qua non* du bonheur de l'humanité. *Hors de la Fraternité point de salut,* est la même chose que : *Hors de l'Église point de salut,* puisque la mission providentielle du Christ était d'instituer la fraternité universelle sur notre globe. Elle n'y règne pas encore, mais le moment approche, où elle sera pratiquée universellement. Qu'est-ce que 1800 ans dans la vie d'un monde. La mission du Christ, pour en avoir éprouvé un très-léger retard ne s'en accomplira pas moins. L'association est appelée à réaliser la conception divine du Christ. Il savait bien, lui, que le monde n'était pas mûr de son temps pour la réalisation de la fraternité, aussi disait-il : *Cherchez, vous trouverez ; frappez, l'on vous ouvrira et vous aurez les biens par surcroît*

Qu'on excuse cette digression ; mais l'étude des œuvres de Dieu ramène toujours la pensée vers leur suprême auteur.

Congélation des eaux stagnantes et courantes.

Nous n'avons pas l'intention de traiter ici les questions qui sont du domaine de la physique. Pourtant nous allons donner l'explication d'un phénomène, qui ne me semble pas avoir été saisi par les physiciens, c'est celui de la congélation des eaux. Quoi qu'il en soit de cette assertion, voici notre opinion à ce sujet.

Posons d'abord les principe suivants : 1° l'eau se gèle quand elle est en repos, à zéro ; 2° l'eau se gèle quand, étant à zéro, elle adhère à un corps aussi à zéro, qu'il soit en mouvement, ou en repos.

Les eaux sont, ou stagnantes, ou courantes. La congélation des premières ne présente rien que tout le monde ne comprenne. Disons pourtant comment elle a lieu, et supposons qu'il s'agisse d'un lac, ou d'un étang. Quand le thermomètre à l'air descend à zéro, le fond du lac marque encore plusieurs degrés au-dessus de ce terme. La surface supérieure de l'eau se met en équilibre de calorique avec l'air et se couvre de glace. Au fur et à mesure que la température de l'air s'abaisse, celle de la surface supérieure de la glace s'abaisse aussi et suit le même mouvement. L'eau en contact avec sa surface inférieure se gèle et augmente l'épaisseur de la glace. L'eau à l'état liquide est toujours comprimée par la glace, d'abord en raison du poids de celle-ci et ensuite parce que l'eau en se congelant augmente de volume. Si le froid devient plus intense et continue, l'épaisseur de la glace augmente de plus en plus. La surface supérieure est légèrement au-dessus de la température de l'air, et sa surface inférieure est constamment à zéro. La température du fond s'abaisse continuellement, mais reste au-dessus de zéro, tant qu'il y a de l'eau liquide qui la recouvre.

Eaux courantes.

Passons aux eaux courantes. Supposons, qu'il s'agisse d'un fleuve, ou d'une rivière de long cours et admettons, pour fixer les idées, que l'eau qui le forme sorte du sein de la terre, à 10° au-dessus de zéro, et que l'air soit à 7° au-dessous de ce terme. A partir de la source, l'eau s'épand sur une plus grande surface, présente beaucoup de contact avec l'air et se refroidit à l'extérieur; mais par suite des inégalités du fond du lit du fleuve et des sinuosités de ses bords, les eaux se mêlent; celles plus chaudes, qui étaient au fond, arrivent à la surface et réciproquement, les eaux qui se sont refroidies à la surface, vont refroidir les couches inférieures et le fond du lit. De là résulte, que les eaux subissent par le mouvement une sorte de brassage, qui tend à les amener à une température uniforme, et que la température moyenne de l'eau et du fond du fleuve va en diminuant, en s'éloignant de la source. D'où il suit, qu'à une certaine distance de cette source, la masse de l'eau arrive à zéro, tandis que le fond est encore légèrement au-dessus; mais qu'à une distance plus éloignée, le fond est à zéro et l'eau est un peu au-dessous de cette température. Alors le liquide qui adhère à la surface du lit se gèle et forme une légère couche de glace. Quand elle est formée, l'eau qui la mouille se gèle et forme une nouvelle couche et ainsi de suite. Plus loin il se forme également de la glace de plus en plus épaisse, et à plus forte raison, puisque la température moyenne de l'eau et celle du fond du fleuve sont plus basses.

Ainsi à partir d'un certain point du cours d'un fleuve, il commence à se former sur le fond de son lit de la glace dont l'épaisseur va sans cesse en croissant. Cette glace est spécifiquement plus légère que l'eau, elle tend donc à s'élever et à se détacher du fond, et elle s'en détache effectivement, quand sa force ascensionnelle l'emporte sur son adhérence au sol. Elle se brise alors, et les glaçons s'élèvent verticalement jusqu'à une certaine hauteur au-dessus de la surface de l'eau, retombent ensuite à plat et commencent à flotter; mais en flottant, leur surface inférieure en contact avec de l'eau au-dessous de zéro se recouvre à chaque instant d'une nouvelle couche de glace. L'eau qui jaillit sur leur surface supérieure se congèle, celle qui baigne leurs faces latérales se transforme aussi en glace de sorte qu'en flottant les glaçons acquièrent de plus fortes dimensions dans tous les sens.

Les glaces se forment ordinairement pendant la longue durée des nuits et se soulèvent dès le matin. Il y a cependant bien quelques glaçons, qui se détachent dans le jour; cela se conçoit.

Toutes choses égales d'ailleurs, les surfaces du fond du fleuve dont la pente est en amont se refroidissent plus vite et se recouvrent plus tôt de glace. Les surfaces de niveau viennent ensuite et celles dont la pente est en aval sont les dernières à descendre à zéro et au-dessous et à former des glaçons. Ce qui donne lieu à trois soulèvements successifs de glaçons.

Il semblerait résulter d'observations faites l'hiver dernier à Metz, que les glaces ne se forment pas, quand le courant est fort sur le fond de la rivière, parce que le courant fait partir la glace au fur et à mesure qu'elle se forme. Elle doit donc se former dans des endroits profonds, où la vitesse de l'eau est peu considérable; c'est-à-dire dans les parties, où la rivière est encaissée. En 1836, quand par suite des expériences nombreuses que j'ai faites sur le pont de Kehl, j'ai établi ma théorie, je n'ai pas été dans les circonstances favorables à l'observation de ce fait.

Quand le cours d'une rivière a peu de longueur, les eaux n'ont pas le temps de descendre à zéro avant qu'elles se jettent dans un fleuve, ou une autre rivière. Je crois qu'il faut un froid d'une excessive rigueur, pour que les glaces de fond se forment à moins de vingt lieues de la source.

L'eau qui baigne les bords d'une rivière se gèle, quand ces bords sont fortement au-dessous de zéro, bien que cette eau soit encore au-dessus de ce terme. Celle qui mouille la glace formée, se gelant aussi, il se forme sur les bords de la glace, dont l'épaisseur et la largeur vont en augmentant, de sorte que les glaces des bords finissent par se rejoindre, et ainsi il se peut, qu'une rivière de peu de parcours soit gelée à la surface, quand son eau n'est point encore parvenue au terme de la congélation.

Dans les mers polaires, l'attraction du Soleil et surtout celle de la Lune, produisent des courants, qui mêlent les eaux et les amènent promptement à zéro pendant les froids intenses de l'hiver. Il se forme alors sur le fond de ces mers des glaces, qui deviennent flottantes et parviennent à des dimensions colossales. Ces masses attirées par la Lune se dirigent vers l'équateur, et cette action, combinée avec le mouvement de rotation de la Terre leur fait décrire des courbes particulières, qui s'infléchissent vers l'occident. Quand ces îles de glaces flottantes rencontrent les bas-fonds, elles les creusent et y forment des sillons plus ou moins longs et plus ou moins profonds. Si par suite du déplacement des mers, ces bas-fonds sont mis à découvert, on doit y voir ces sillons courbes. Un géologue suédois a, je crois, constaté l'existence de sillons semblables.

Si du centre du Soleil et de celui de la Lune, on conçoit une sphère ayant pour rayon la distance de ce centre à celui de la Terre, cette sphère coupera la surface terrestre suivant un cercle ; les mers entre l'astre attirant et ce cercle seront attirées par lui, et les mers au delà, au contraire, seront repoussées, puisque la Terre sera plus attirée qu'elles. C'est cette attraction du Soleil et surtout celle de la Lune, qui produit l'agitation des mers dont l'effet se manifeste par les marées, les courants marins, et le mouvement des glaces polaires.

Des étoiles en général.

Quittons notre système solaire, qui n'est qu'un point dans l'immensité des cieux, pour nous occuper des nombreux astres qui peuplent les espaces célestes.

Chaque étoile est un Soleil comme le nôtre. Sa génération est la même ; elle a passé par les mêmes états, où elle y parviendra successivement, et il y a dans le ciel des étoiles dans chacun de ces états. De là naît cette variété d'aspects, que présentent les étoiles.

Nous avons parlé des nombreux volcans, qui ont agité ou qui agitent encore le Soleil Examinons les effets apparents de semblables volcans sur les astres ses confrères.

Les volcans stellaires lancent avec une force proportionnelle à leur masse de vastes tourbillons d'une fumée noire. Cette fumée traverse la couche d'éther condensée, qui entoure l'astre. L'attraction de l'étoile tend à faire retomber cette matière sur la surface; mais comme l'éther est imperméable à la fumée, celle-ci est arrêtée et forme autour de l'astre une enveloppe noirâtre, qui intercepte les rayons de lumière et rend l'étoile invisible.

Que si l'on me demande pourquoi la fumée a pu traverser la couche d'éther condensé, pour s'éloigner de l'étoile et comment elle ne peut plus la traverser, pour retourner vers cet astre, je répondrai, qu'elle a été lancée avec une vitesse initiale finie, très-considérable, tandis qu'elle n'est attirée vers l'astre que par l'action d'une force accélératrice. En un mot, pour traverser l'éther, elle a exercé un choc, pour revenir, elle n'exerce qu'une pression.

Une étoile peut donc rester invisible des milliers d'années, tant que l'enveloppe fuligineuse qui l'entoure persiste.

Nouvelle apparition d'étoile.

Par l'attraction de l'étoile, cette enveloppe se condense et forme une sorte de coque tenace de suie, autour de l'astre jusqu'à ce qu'elle soit démolie, battue en brèche * par de nouveaux volcans, alors ses éclats solides retombent sur l'astre, qui redevient visible. Si l'étoile, avant sa disparition complète,

* C'est avec un plaisir indicible que je fais de l'artillerie dans le ciel, maintenant, que rayé des contrôles de l'armée, je ne puis plus en faire sur la Terre.

n'avait pas été signalée, elle semble une nouvelle apparition d'étoile.

Des étoiles qui diminuent et augmentent d'éclat; des étoiles périodiques.

Cette couche de fumée ne se forme pas instantanément : pendant le long laps de temps qu'elle met à se former, l'astre diminue d'éclat. Il peut donc y avoir dans le ciel des étoiles dont la lumière s'affaiblit graduellement.

La coque fuligineuse n'est pas brisée tout à la fois, elle ne l'est que partiellement et successivement. Pendant le temps que cette opération dure, l'éclat de l'astre augmente. Il n'est donc pas étonnant que l'on ait constaté que la lumière de certaines étoiles croisse de plus en plus.

Pendant tout le temps que la coque est en dislocation, l'astre ayant un mouvement de rotation sur lui-même, peut présenter successivement à l'œil d'un spectateur des hémisphères plus ou moins éclairés et avoir un éclat périodique; mais pendant la durée d'une période, la vitesse du mouvement de rotation et la direction de l'axe peuvent changer par suite d'une éruption volcanique. Les durées des périodes peuvent donc n'être pas égales. Les périodes peuvent être très-courtes, si elles ne sont pas données par des révolutions entières de l'étoile, mais par une succession de faces plus ou moins éclairées.

Suivant les phases de sa durée, l'étoile lance de la fumée de diverses couleurs. Quand elle est noire, elle produit les phénomènes lumineux, que nous venons de signaler. Cette fumée suivant les diverses époques est rouge, bleue, verte, jaune ou blanche.

Les astronomes ont peut-être dans leurs observations les données nécessaires, pour déterminer d'après la couleur, l'âge relatif des étoiles. Si une étoile a été rouge autrefois et est blanche aujourd'hui, c'est probablement que les étoiles blanches sont plus anciennes que les rouges.

Les fumées colorées ne sont pas toutes susceptibles de se condenser au point de former une coque. Dans tous les cas, leur imperméabilité à l'éther est une condition indispensable pour qu'elles fassent une enveloppe colorée persistante autour de la couche d'éther condensé.

Imperméabilité de l'éther à de certaines matières.

L'imperméabilité de l'éther ou fluide électrique à de certaines matières, est bien connue ; en voici des exemples :

Une personne debout sur un tabouret dont les pieds sont en verre, ne laisse pas échapper le fluide qu'elle reçoit d'une machine électrique avec laquelle elle est en contact. C'est que le verre est imperméable à l'éther.

Dans la *galvano-plastie*, une médaille, plongée dans une dissolution métallique, ne s'y mouille pas, quand on produit un courant électrique le long de sa surface. C'est que la couche de fluide électrique qui recouvre cette plaque, la préserve du contact du liquide.

Quand on rougit une plaque métallique, sa surface incandescente se recouvre d'une couche d'éther condensé. Si l'on y jette de l'eau, elle ne mouille pas la plaque; cette eau se forme en gouttes, qu'agite la force projective de l'éther ainsi mise en jeu par l'incandescence du métal. Je suis convaincu qu'il y a du vide entre chaque goutte d'eau et la plaque.

L'éther, condensé à la surface des corps, est donc imperméable à de certaines matières ; cette propriété donne, comme nous l'avons déjà fait voir plusieurs fois, l'explication de divers phénomènes, dont on ignore les causes.

Des étoiles multiples.

Le Soleil a un mouvement de translation dans l'espace ; toutes les étoiles parvenues à l'état volcanique, en ont un également. Ce mouvement peut ne pas être appréciable pour les étoiles très-éloignées et pour celles qui se meuvent à peu près dans la direction de la droite qui joint l'astre au Soleil ; mais il a été constaté dans un assez grand nombre d'étoiles.

Quand une étoile passe dans la sphère d'attraction d'une étoile beaucoup plus puissante, elle circule autour de cette dernière. Deux étoiles, dans ce cas, semblent n'en former qu'une, qu'on nomme étoile double. Il y a des étoiles triples, enfin des étoiles multiples, selon que deux ou un plus grand nombre d'étoiles circulent autour d'une autre beaucoup plus forte qu'elles. Chacune de ces étoiles a son cortége de planètes avec leurs satellites. Une étoile multiple peut circuler avec son cortége d'étoiles simples autour d'une autre plus puissante, et ainsi de suite.

C'est ici le cas de s'extasier devant la sagesse infinie de Dieu. Quand les planètes de chaque soleil simple seront refroidies et inhabitables, les soleils qui, à cause de leur état d'incandescence ne peuvent encore être habités, se refroidiront et seront habitables à leur tour. Ils recevront la lumière et la chaleur vivifiante de l'étoile autour de laquelle ils circulent, et seront éclairés pendant leurs longues nuits stellaires par les nombreuses planètes qu'ils éclairaient autrefois. L'étoile pivotale s'éteindra à son tour; mais elle circulera avec son cortège de soleils, autour d'une étoile plus colossale encore; elle sera éclairée et vivifiée par cette dernière, et ainsi de suite. C'est ainsi que la vie a existé d'abord sur les satellites, et s'en est retirée, qu'elle existe sur les planètes, qu'elle les abandonnera successivement, pour passer dans les soleils simples et sur les étoiles de plus en plus fortes.

Destruction des mondes.

La vie aura un terme, lorsque les plus grosses étoiles seront refroidies. Alors Dieu pourrait se reposer après cette vie immensurable; mais, au moyen de l'éther, qui aura abandonné les astres célestes, il les broiera de nouveau, les réduira en poudre et en gaz, les convertira en matière nébuleuse. Il y aura un nouveau chaos universel. Il se formera d'abord des soleils, puis des planètes et leurs satellites; ainsi recommencera une nouvelle vie de l'univers. Il y a eu un nombre infini de ces vies, il y en aura un nombre infini.

Le Soleil sera habité un jour.

Fourier, du haut de ta demeure ultra-mondaine, tu vois que, si comme toi et le grand Herschell, je ne fais pas le Soleil habitable dès aujourd'hui, je le réserve pour un avenir lointain plus glorieux, quand la vie et l'éther se seront retirés des planètes. Le Soleil aura aussi ses périodes sociales incohérentes. Qui sait, si ton âme impérissable, revêtue d'un corps solarien, n'ira pas prêcher l'harmonie aux habitants du Soleil, et si elle ne sera pas bafouée par eux comme toi tu l'as été sur la Terre; mais console-toi de ta disgrâce passée sur notre globe, le temps approche où les hommes reconnaîtront les bienfaits de l'association enseignée par toi, et éleveront des statues à celui qui la leur a révélée. Dans quelques siècles, ton âme reviendra sous un nouveau corps, habiter notre globe, et tu t'inclineras comme les autres hommes devant l'image du bienfaiteur de l'humanité*.

Mais achevons de parcourir les cieux, pour y surprendre la matière dans les divers états, par lesquels a passé le Soleil.

Nous avons dit, qu'à une certaine époque de sa vie, cet astre était entouré d'une vaste nébulosité. Il y a dans le ciel, des étoiles dans cet état: on les nomme *étoiles nébuleuses*. Il existe une de ces étoiles, dont la nébulosité a son diamètre égal à huit fois Étoiles nébuleuses.

* Fourier croit que notre âme, après avoir quitté notre corps, passe deux ou trois siècles dans une autre vie ultra-mondaine, sans être revêtue d'un corps périssable; que dans cette vie, elle a connaissance de toutes ses diverses existences antérieures sur la Terre, qu'elle y reviendra périodiquement reprendre un corps mortel, tant que notre globle sera habitable; qu'elle passera successivement dans divers astres des vies alternativement mondaines et ultra-mondaines, tant qu'il y aura des mondes. C'est sublime et c'est vrai, à moins que l'on ait une conception plus sublime encore; car Dieu a donné à l'homme l'intelligence nécessaire pour sonder ses vues et les réaliser.

celui de l'orbite d'Uranus. On a un exemple d'une étoile dont la nébulosité a disparu.

Propriété de la matière nébuleuse.

La matière de la nébulosité est comme nous l'avons répété souvent, imperméable à l'éther ; elle est dans un état que nous appellerons *neigeux-floconeux*. Il arrive un moment où, comprimée par l'éther que met en mouvement l'incandescence du noyau, elle est pénétrée par cet éther ou calorique, se fond et se précipite à l'état liquide sur le noyau.

Nébuleuses planétaires.

Le premier état du Soleil a été une vaste nébulosité sans noyau. Il existe dans les cieux des astres dans cet état ; ce sont des amas globulaires de matière nébuleuse ou cosmique. Les astronomes appellent ces amas, *nébuleuses planétaires*.

Quand la matière cosmique ne s'est pas encore condensée autour d'un centre d'attraction, et qu'elle a une forme quelconque, ce n'est pas encore un astre, et on l'appelle simplement *nébuleuse*.

Nébuleuses résolubles

Il existe dans les espaces célestes, des amas d'étoiles si serrées en apparence, que leur aspect à l'œil nu est celui d'une nébuleuse. On nomme ces amas d'étoiles, *nébuleuses résolubles*, parce que, au moyen de fortes lunettes, on parvient à distinguer les étoiles qui les composent. Ces amas sont produits quelquefois par l'agglomération d'un grand nombre d'étoiles sur un espace allongé et relativement étroit, dont la longueur est dans la direction du rayon visuel. Elles sont donc à la fois, dans ce cas, un effet de projection et de condensation.

Nébuleuses circulaires.

Les nébuleuses résolubles affectent le plus souvent

la forme circulaire ; dans ce cas, elles sont la projection d'une agglomération globulaire d'étoiles à peu près d'égale grandeur. Qu'on se figure ces étoiles d'abord entourées de leurs nébulosités et agglomérées dans un certain espace, et qu'on se rappelle que chaque nébulosité est entourée d'une couche d'éther condensé qui empêche les nébulosités de se pénétrer ; alors, chaque étoile, avec sa nébulosité, formera comme une grande sphère ; l'attraction réciproque de ces sphères fera prendre à leur ensemble la forme globulaire qu'elle conservera après la précipitation de toutes les nébulosités. Cette masse globulaire d'étoiles se nomme *nébuleuse circulaire*, et l'intensité de la lumière doit décroître du centre à la circonférence ; ce que l'on observe en effet dans les amas d'étoiles de cette forme.

Nébuleuse perforée.

Admettons que, par un concours de circonstances fortuites, les étoiles, qui, dans une nébuleuse circulaire se trouvent sur le rayon visuel dirigé sur le centre du cercle nébuleux, étant passé à l'état volcanique avant les autres, aient un mouvement de translation quand ces dernières sont encore immobiles et qu'elles soient sorties de la nébuleuse. Les étoiles restantes auront l'aspect d'un cercle lumineux, ayant un trou noir à son centre. Il y a un seul exemple d'une nébuleuse semblable. On lui a donné le nom de *nébuleuse perforée*.

Nébulosités.

Il y a dans les cieux de vastes espaces occupés par de la matière nébuleuse, où ne s'est pas encore manifestée l'action de centres d'attraction. Cela provient de ce qu'après la destructiion des mondes précédents, la matière céleste était tellement divisée et uniformément répandue, que ses molécules étaient en équilibre entr'elles et avec celles moins homogènes des espaces voisins. Ce n'est donc qu'au bout d'un temps excessivement long, qu'il s'y formera des centres d'attraction. Peut-être même, l'équilibre persistera, et cetté matière restera dans cet état jusqu'à la première destruction des astres environnants ; ce qui produira une perturbation qui rompra l'équilibre. Cette matière aura donc été improductive pendant une vie entière de l'univers, et ne pourra servir à former des astres qu'après un nouveau chaos. Cet état de la matière s'appelle *nébulosité*.

Voie lactée. Le firmament présente à l'œil nu une longue traînée blanchâtre, qui fait le tour du ciel et a même une branche qui se bifurque sur sa plus grande dimension. On voit, au moyen d'une forte lunette, qu'elle est formée d'une multitude d'étoiles, et c'est la confusion dans l'œil des rayons de lumière lancés par ces étoiles qui produit cette lueur blanchâtre qui a fait donner à cette traînée le nom de *voie lactée*. Elle est formée de strates ou couches d'étoiles très-profondes dans le sens du rayon visuel, c'est-à-dire que nous voyons ces couches de champ. Le nombre immense d'étoiles qu'on y voit est dû à la fois et à leur agglomération et à leur projection. En un mot la voie lactée est une nébuleuse résoluble d'une immense étendue.

Mais d'où vient donc cette agglomération d'étoiles sur certains espaces et cette pauvreté de matière stellaire sur d'autres ? Nous avons fait voir comment les étoiles multiples se forment de plusieurs étoiles qui circulent autour d'une autre beaucoup plus puissante, comment les étoiles multiples elles-mêmes peuvent être entraînées dans la sphère d'activité d'autres étoiles de même espèce, d'une puissance encore plus considérable. Cette action a donc pour résultat de condenser les astres en certaines régions de l'immensité de l'espace et de les rendre plus rares en d'autres régions. Lorsque donc la destruction de tous les astres a lieu, la matière qui les compose, étant désagrégée violemment par le fluide électrique, n'est pas répandue uniformément dans l'espace. Il ne s'y établit pas un équilibre universel, et la recomposition des corps célestes recommence, pendant que la matière est condensée en certains espaces et plus rare dans d'autres.

Le fluide électrique, nous le savons, produit des effets très-irréguliers, très-variés. Il brise, il broie, il pulvérise, il fond, et, en se combinant avec la matière céleste pulvérisée, il forme cette matière pâteuse, neigeuse, floconeuse, nébuleuse, qu'on nomme cosmique, et que dans ce travail nous avons presque toujours appelée nébuleuse ; mais il existe dans l'espace des débris non dissous. Ces débris seront les centres d'attraction, les noyaux qui serviront plus tard à condenser la matière diffuse et à former de nouveaux astres. Cette matière a une demi-incandescence et est lumineuse par elle-même.

Imaginons que la destruction dont je viens de parler, est celle qui a précédé la formation de l'univers tel qu'il est actuellement, et que c'est le débris d'un astre précédent qui a condensé la matière dont est formé notre Soleil. Quant à la voie lactée actuelle, elle se trouve dans cette partie de l'espace, où les étoiles dans les formations précédentes avaient été agglomérées par leur attraction réciproque combinée avec leur mouvement de translation.

J'ai donné la cause de tous les phénomènes cosmogoniques constatés et parvenus à ma connaissance; si quelques-uns m'étaient échappés, ou si l'on en constatait de nouveaux, j'ai la conviction qu'ils s'expliqueraient facilement, en ne supposant, comme je l'ai fait, que trois choses : la force attractive de la matière, la force expansive des gaz et l'imperméabilité de la matière cosmique à l'éther.

Aucun fait cosmique n'a été rebelle à ma théorie, et je me crois autorisé, en terminant, à transcrire ici les vers suivants, extraits d'une épître que j'adressai à un ami, en lui communiquant ma Cosmogonie :

De mainte théorie en vain l'on s'applaudit,
Tôt ou tard elle échoue, aussi Voltaire a dit :
Une théorie est une souris fluette,
Qui passe par neuf trous ; mais qu'un dixième arrête.
Pour la mienne, elle échappe à la commune loi ;
Car il n'est pas un trou pour elle trop étroit,
Du moins jusqu'à présent, sans broncher, elle explique,
Si bizarre qu'il soit, tout fait cosmogonique.

POST-FACE.

J'ai consacré déjà une partie de ma préface, à parler de moi. Je préviens qu'aussi dans cette post-face je ne parlerai que de ce qui me concerne. Ainsi le lecteur est averti, il pourra ne pas la lire. Pourtant, il faut qu'il sache que j'ai écrit cette post-face principalement pour faire mention d'une petite pièce de vers, que j'ai composée au sujet de la planète annoncée par M. Leverrier, à une époque où elle n'était pas encore découverte, pièce de vers qui a été communiquée à ce savant. Quand je l'écrivais, je croyais qu'on ne découvrirait pas la planète annoncée. Je n'ai pas besoin de faire l'aveu de mon erreur ; la planète Neptune la prouve manifestement.

Je reconnais que les perturbations d'Uranus ne pouvaient provenir que d'une ou plusieurs planètes inconnues, se mouvant dans des orbites, au-delà de celle de la planète d'Herschell. En effet, des astres dont les orbites seraient en-deçà d'Uranus, troubleraient

également les mouvements de toutes les planètes anciennement connues. Or il ne peut y en avoir dans ce cas, puisque les perturbations des planètes anciennes s'expliquent par leurs attractions réciproques, sans nécessiter l'intervention d'un nouvel astre. Leverrier a donc eu grandement raison, et ce sera sa plus grande gloire, d'avoir cherché une planète extérieure, qui causât les irrégularités inexpliquées d'Uranus. Qui sait si, quand on connaîtra bien le mouvement de Neptune, on n'y découvrira pas des anomalies qui ne puissent être attribuées qu'à l'attraction d'une autre planète. Que dis-je, le fait est sûr, les calculateurs peuvent déjà s'armer de leurs tables de logarithmes, pour déterminer le mouvement de cette nouvelle planète et faire connaître aux observateurs, le lieu du ciel sur lequel ils devront braquer leurs lunettes, pour la découvrir. En effet, si Leverrier ne s'est pas trompé dans ses calculs, la planète qui cause les perturbations d'Uranus devrait avoir une masse représentée par $\frac{1}{9300}$, tandis que Struve a trouvé que la masse de Neptune n'est que de $\frac{1}{14494}$. Cette dernière masse ne suffit donc pas pour expliquer les irrégularités d'Uranus, et il doit exister une nouvelle planète qui concourre avec Neptune pour les produire*. Par conséquent, si, au lieu de chercher à résoudre la question par une seule planète, on avait posé le problème, en admettant deux planètes perturbatrices, on les aurait de suite trouvées; mais, disons-le, le problème avec une seule planète a été assez difficile à résoudre, et il est probable qu'a-

* Cette planète doit être plus grosse que Jupiter.

vec deux planètes, dans l'état actuel des mathématiques, on aurait échoué.

Quoi qu'il en soit de cette dernière planète à découvrir, je me complais à reconnaître mes torts à l'égard de M. Leverrier touchant celle qu'il avait annoncée ; mais je déclare que rien ne l'excuse d'avoir repoussé le principe fondamental de ma Cosmogonie par la seule raison que Laplace nie ce principe, savoir : qu'un corps lancé par le Soleil peut n'y pas revenir, et décrire autour de lui une orbite plus ou moins excentrique. Ainsi, ayant eu des torts réciproques, nous sommes quittes, et je laisse subsister ma petite pièce de vers intitulée : *Planètes invisibles*, qui lui donne des armes contre moi et l'épître à mon ami Colson, où je m'élève contre le savant astronome, au sujet de son jugement sur ma théorie.

Du reste, si M. Leverrier repousse ma Cosmogonie, il faut qu'il en ait une autre en vue ; car en 1847, dans un cours d'astronomie à la Sorbonne, un jour il s'écria : Qui sait, si de notre temps on ne découvrira pas la génération de l'univers ?

Si je n'avais pas communiqué à plusieurs personnes les pièces de vers que j'ai composées au sujet de la planète annoncée par Leverrier, j'aurais pu les passer sous silence ; mais actuellement que je me décide à faire imprimer ma Cosmogonie, je me dois de les faire connaître, pour prouver que j'ai le courage de mes opinions passées et présentes *.

* Puisque j'ai prévenu le lecteur, que dans cette post-face, je ne parlerai que de moi, je saisis l'à-propos qui s'offre pour montrer que

22 juin 1846.

PLANÈTES INVISIBLES.

Aujourd'hui l'astronome, armé d'une lunette,
Espère découvrir au ciel une planète,
Que naguère un savant, habile à calculer,
Au-delà d'Uranus, dit devoir circuler.
Astronomes, hélas ! vaine est votre espérance ;
Vous ne trouverez rien, je vous le dis d'avance,
Car l'astre qui tout seul pourrait revendiquer
Les perturbations, que l'on veut expliquer,

j'ai le courage de mes opinions passées et présentes, non-seulement en fait de science, mais encore en politique. Je déclare donc, que j'étais très-dévoué à la famille royale déchue, que j'aimais avec passion chacun de ses membres, que je n'ai changé à leur égard, que depuis qu'ils ont trempé sciemment dans l'injustice criante qui a été commise, en ne me donnant pas, par des considérations politiques, un grade dont toute l'artillerie m'avait jugé le plus digne. Depuis lors, mes yeux ont été tout-à-fait dessillés par les nombreux scandales qui ont précédé leur chûte ; mais mon opinion est, que deux membres de cette famille, la duchesse d'Orléans et le prince de Joinville ont gémi comme tous les honnêtes gens en France de la conduite honteuse du gouvernement. Malgré les torts de cette famille, je n'en ai point désiré le renversement. J'aurais accepté avec confiance la régence de la duchesse d'Orléans et je me figure qu'elle aurait pu réaliser les réformes sociales que je rêve depuis huit ans pour le bonheur de l'humanité. Quand la République a été proclamée, j'ai saisi de suite que, faisant table rase, elle pouvait plus que tout autre gouvernement accélérer l'organisation du travail telle que l'entendent les phalanstériens, et je suis devenu par conviction et non par résignation un ardent républicain ; mais si l'on ne change que les noms et le nombre des chefs du gouvernement sans changer radicalement les relations existantes entre le capital, le talent et le travail, je plains la République ; mais je la plains encore plus si elle est obligée de subir l'épreuve du communisme.

Certes devrait avoir une masse sensible,
Et n'eût pu jusqu'ici, demeurer invisible.
Or la science apprend, que la force d'un corps
De plusieurs moindres peut égaler les efforts.
D'une planète donc, si l'on met à la place
Des corps, dont chacun ait une assez faible masse,
Et qui du Soleil ait son orbe assez distant,
Pour échapper à l'œil, aidé d'un instrument,
Tout aussi bien sera résolu le problème,
Qu'il le fut récemment par Leverrier lui-même.
Bien plus petits, ces corps sont dans le même cas,
Que naguères Cérès, Vesta, Junon, Pallas.
Une planète unique est donc en vain traquée,
Vainement pour la voir la lunette est braquée.
Mais je le dis ici, ces petits corps un jour
Seront par nos neveux découverts tour à tour.
Leurs lunettes pourront braver par leur puissance
Des corps, la faible masse et la grande distance.
Alors on pourra voir circuler dans les cieux,
D'autres astres, autour du Soleil radieux.
Chaque planète aura de nombreux satellites,
Faisant autant de tours, qu'ils décriront d'orbites.

Ces astres inconnus, ainsi que leurs aînés,
Sont, je l'ose affirmer, anciennement nés *.
Quand le Soleil enceint de matière gazeuse,
Se trouvait à l'état d'étoile nébuleuse.
Car dans le gaz, un corps projeté de son flanc,
Doit finir par décrire un cercle en s'y mouvant **.

* J'appelle aînés les astres connus de notre système solaire, parce que les éruptions volcaniques du Soleil qui les ont engendrés, ont dû précéder celles qui ont produit les petites planètes et les petits satellites invisibles jusqu'à présent à cause de la faiblesse des lunettes.

** Les planètes décrivent sensiblement des cercles. Si la nébulosité du Soleil eût duré plus longtemps, l'excentricité des orbites planétaires serait encore plus faible.

A moins que l'attirant, un astre moins rapide,
Ne le force à décrire une épicycloïde*.
S'il se meut isolé, le gaz en résistant,
Sur lui-même, le fait tourner en cheminant**;
Mais quand il tourne autour d'un astre qui l'attire,
Par l'action du gaz, il vire et puis revire;
Et quand le gaz n'est plus, du corps l'axe allongé***
Sur l'astre, qui l'entraîne, est toujours dirigé****.

Savants, je vous dévoile ici ma théorie*****,
Gardez de l'accueillir par quelque raillerie.

* Je nomme épicycloïde, la courbe que décrit un satellite autour de sa planète. La courbe de ce nom est celle qui est engendrée par un point d'un cercle qui roule sur un autre cercle.

** Dans le mouvement d'une planète autour du Soleil, sa face opposée à ce dernier astre éprouvant moins de résistance de la part du gaz que celle qui le regarde, la planète doit contracter un mouvement de rotation autour d'un axe normal au plan de son orbite.

*** Si dans les planètes de notre système l'axe n'a pas tout-à-fait cette direction, cela tient à des éruptions volcaniques qui l'ont sensiblement dérangé.

**** Le corps a été lancé par le Soleil sous forme d'une traînée liquide extrêmement allongée. Puis, par l'attraction réciproque de ses molécules, il a pris une forme sphérique et comme il se mouvait dans un milieu très-dense autour d'un astre qui circulait lui-même autour du Soleil, la résistance de ce milieu dont la densité décroît en s'éloignant de ce dernier astre, lui a imprimé d'abord un léger mouvement d'oscillation; mais les molécules les plus proches de la planète étant plus attirées que celles qui en sont plus éloignées, le corps (c'est-à-dire le satellite) a dû prendre la forme allongée qu'il conserve depuis qu'il a passé à l'état solide et que la nébulosité qui entourait le Soleil s'est précipitée sur cet astre. Quand au léger mouvement d'oscillation, il a été détruit à la longue lorsque la cause qui l'a produit a cessé par la résistance de l'éther dont la densité est sensiblement uniforme loin du Soleil.

***** Les quatorze vers qui précèdent suffisent pour mettre sur la voie de ma théorie toute personne qui sera au courant de l'état actuel de la science.

Pour qu'il ne soit pas dit, que ce n'est qu'à sa mort,
Qu'envers un inventeur on reconnaît son tort.
Suffit. Mais voulez-vous découvrir des planètes,
Ah! Messieurs, croyez-moi, grossissez vos lunettes.
Le faisant, vous pourrez en trouver à foison,
Alors on pourra voir, qui de nous a raison.

A l'époque où j'ai composé cette pièce de vers, j'étais dans l'usage de dédier à un ami chacune de celles qui, comme malgré moi, échappaient à ma plume. Voici la dédicace que j'en fis à mon ami Colson, l'homme le plus aimable et le plus spirituel que j'aie connu de ma vie; mais comme je ne la lui ai jamais communiquée, il en aura connaissance en recevant un exemplaire de mon travail.

23 juin 1846.

A MON AMI COLSON.

Colson, vous trouverez bizarre que je fasse
D'une œuvre si minime ici la dédicace,
J'en conviens, avec vous; mais c'est l'occasion
De vous manifester ma vive affection.
Hélas! pourquoi faut-il que ma grande paresse
Arrête si souvent l'élan de ma tendresse!
Sans ce maudit défaut, j'écrirais chaque mois,
Pour vous conter ma vie, au moins une ou deux fois.
Quand nous étions ensemble, enflé de mécanique,
Je ne parlais jamais que canons, balistique.
Depuis plus de six ans, étudiant les cieux,
Je sais comment sont nés les astres radieux.
J'ai mis dans mon esprit de Fourier la doctrine
Et reconnu bientôt sa céleste origine.

Hélas, je ne jouis de ces biens qu'à demi,
Pour pouvoir en parler, il me manque un ami.
Vous seul, mon cher Colson, vous pourriez me comprendre,
Pourquoi n'êtes-vous pas en ces lieux pour m'entendre ;
Car vous seul entre mille, et sans vous en douter,
Vous avez le talent si rare d'écouter.
Certes, je m'en souviens, vous parlant de science,
Je ne vous vis jamais à bout de patience.
Toutefois maintenant que j'ai le grand travers,
De mettre sans raison, ce que je sais en vers,
Votre oreille, pourrait, devenue indocile,
Pour mes conceptions se montrer difficile.
Quoi qu'il en soit, mon cher, acceptez cet écrit
Où l'avenir des cieux en rimant est prédit.

Après avoir composé ces deux petites pièces, je les montrai, suivant l'usage des rimeurs, à quelques personnes, entr'autres à un savant à qui j'offrais depuis trois ans, de communiquer ma Cosmogonie; mais il me remettait de saison en saison, tantôt sous un prétexte, tantôt sous un autre. Enfin il n'en a pas eu connaissance. C'est ce savant qui a communiqué à M. Leverrier son ami, sans me nommer, ma pièce de vers intitulée : *Planètes invisibles*, et qui en a reçu la réponse banale : Cela n'est pas conforme à la théorie de Laplace, donc c'est faux ; réponse dont l'infaillible effet était d'exciter mon courroux, et qui cette fois m'a inspiré la pièce suivante, dont je prie le lecteur d'excuser le ton acerbe, en raison du motif qui l'a provoqué. Je préviens M. Leverrier que ce n'est point lui que j'ai eu principalement en vue. Il n'a été que la goutte d'eau qui a fait déborder le vase d'amertume dont je suis abreuvé par les faux savants, depuis ma découverte. Quant à lui, M. Leverrier, son nom passera à la postérité, pour avoir annoncé, par la seule force de la pensée et du calcul, une planète dont l'existence n'était pas même soupçonnée.

30 juin 1846.

ÉPITRE A MON AMI COLSON.

Bon Dieu! mon cher Colson, qu'il est donc difficile
De convaincre un savant, même le plus habile,
De ce que tout d'abord il n'a pas bien compris,
Et que dans ses auteurs il n'avait pas appris.
Que l'on n'approuve pas tout ce qu'a dit Laplace,
Dans l'esprit des savants, ne saurait trouver place *
De ses vastes travaux, fervent admirateur
Je m'incline devant leur immortel auteur;
Mais d'admirer quand même, ayant peu la manie,
Moi je trouve à redire à sa Cosmogonie;
Car voulant expliquer les divers mouvements,
De tous les corps, autour du Soleil circulants,

* Ces six premiers vers ne sont pas ceux que j'avais composés tout d'abord. J'ai changé ceux-ci parce qu'ils ont été faits bien avant la découverte de la planète Neptune et qu'ils ne peuvent s'appliquer à l'illustre astronome à qui l'on doit la découverte de cette planète, l'une des plus importantes de notre système; mais ils s'appliquent aux demi-savants qui n'ont jamais rien trouvé et ont parlé de mon système en termes très-blessants pour son auteur. Voici ces vers :

Bon Dieu! mon cher Colson, que les savants sont bêtes
Et qu'on a donc de mal à fourrer dans leurs têtes,
Ce qui n'est pas conforme à ce qu'ils ont appris,
De leurs prédécesseurs, dans les doctes écrits.
Que l'on n'approuve pas tout ce qu'a dit Laplace,
Dans leurs esprits comme ne saurait trouver place.

Il se trouve conduit, à faire une hypothèse,
Qui j'oserai le dire, aux savants n'en déplaise,
Ne donne du problème une solution,
Qu'en laissant à résoudre une autre question.
Au fait, il ne dit pas du tout, quelle puissance
Fit tourner du Soleil, la nébuleuse immense;
Or tant que ce problème, aux savants dévolu,
Ne sera point par eux pleinement résolu,
En vain par un effort puissant de son génie,
Avec un art profond, que nul ne lui dénie,
Laplace aura créé des anneaux de vapeur,
Pour les faire tourner, s'il n'est pas de moteur.

Cher ami, direz-vous, quelle mouche vous pique!
Et de tous nos savants quelle amère critique!
Eh bien! c'est qu'avant-hier le savant Leverrier,
A qui le bon **** a voulu confier,
Ce que j'avais écrit concernant sa planète,
Trouva ma théorie, en tous points imparfaite,
Et donna pour motif de cette assertion,
Qu'elle est avec Laplace, en contradiction;
Mais l'on entendit dire à Laplace, lui-même,
D'une mourante voix, à son heure suprême,
A très-peu se réduit ce que nous connaissons,
Qui peut énumérer, ce que nous ignorons?
Ce savant immortel, qui du haut des cieux plane,
Ne peut donc envier, après lui que l'on glane,
Et du savant Alcide, ainsi nul ne dira,
Qu'il ait sur sa colonne écrit *nec plus ultrà*.

Pour moi, je le vois bien, j'ai fait en pure perte,
De tous les mouvements des cieux la découverte.
Quand je voudrai parler, j'en suis sûr, chaque fois
Les savants prévenus étoufferont ma voix.
Je sais, que je pourrais recourir à la presse,
Pour la faire gémir, trop grande est ma paresse.

Et certe à mes enfants, je ne léguerai point,
Pour troubler leur repos, ce très-pénible soin
De ce que j'ai trouvé, l'invention nouvelle,
Couvrira son auteur d'une gloire réelle.
Et moi je suis réduit, à dire dans ces vers,
Tout seul, je sais comment fut créé l'univers.

Si je romps le silence, auquel je m'étais résigné, c'est comme je l'ai dit dans ma préface, par la crainte que quelqu'un ne s'approprie mes idées et ne les publie sous son nom et qu'ainsi ne soit réalisée, en apparence par un autre que par moi la prophétie : *Qui sait si de nos jours on ne découvrira pas la génération de l'univers.*

Citons ici quelques paroles éparses de Bailly sur l'Astronomie.

L'Astronomie, dit-il, par la grandeur de son objet, par l'étendue de ses découvertes, est de toutes les sciences, peut-être, celle qui donne le mieux la mesure de l'intelligence de l'homme, et la preuve de ce qu'il peut faire avec du temps et de la persévérance.....

..... Elle nous a montré ces espaces énormes où nos pensées aiment à plonger et à se perdre. En agrandissant l'univers, elle a agrandi l'idée de l'Être-Suprême. Elle a étendu notre esprit, qui trop resserré sur ce globe, aime à s'égarer, de sphère en sphère et à mesurer du moins par l'imagination, cet espace immense, dans lequel l'homme n'occupe qu'un point imperceptible..... Les observateurs recueillent, les faits s'accumulent comme les matériaux d'un édifice, et attendent l'homme de génie, qui doit être l'architecte du monde.

J'ai mis en vers ces dernières paroles de la manière suivante :

« Par les observateurs, tous les faits révélés,
» Vastes matériaux, pour bâtir rassemblés,
» Attendent un génie, audacieux, qui fonde
» Leur harmonie, et soit l'architecte du monde.

D'être de cet avis, certes je suis bien loin ;
Je dis et ce n'est point un avis que j'affecte :
D'un homme de génie, il n'était pas besoin,
De l'immense univers, pour être l'architecte,
Mais d'un simple artilleur, qui sagement suspecte,
D'erreur l'assertion, qu'on ne démontre point.
Vainement son auteur porte un nom qu'on respecte.
Vainement maint savant aigrement me l'objecte.
Car de sa fausseté mon ouvrage est témoin,
Et de la démontrer je lui laisse le soin.

Mais ce qui, j'en conviens, péniblement m'affecte,
C'est que des faux savants croyant plutôt la secte,
A mon système encor, maint ami ne croit point,
Et faute d'examen aux zoïles se joint.

J'en fais l'aveu naïf, vraiment je me délecte,
Lorsque je reconnais, qu'en l'arme circonspecte,
Dont j'étais autrefois, nul n'en vint à ce point
De m'attaquer à faux, presqu'à brûle pourpoint.
Quand un ingénieur, que d'ailleurs je respecte,
M'accuse par ma foi, mais par voie indirecte,
D'être sur la matière ignarre au dernier point,
Sans qu'à ce bel arrêt un seul motif soit joint *.

* L'ingénieur en question a dit à quelqu'un en parlant de ma Cosmogonie : ce travail suppose en son auteur l'ignorance la plus pro-

. . . .
Ma théorie enfin, captive dans ma tête,
Depuis près de huit ans, va paraître au grand jour.
Ah! comme dans mon cœur, je me fais une fête,
De pouvoir, la lâchant, lui dire avec amour :
Sois libre, mon enfant, parcours la Terre ronde.
Je ne te retiens plus, et j'aspire au repos ;
Car je suis bien las d'être, après mes longs travaux,
L'Atlas, qui porte seul le lourd fardeau du monde.

Je puis me permettre cette dernière plaisanterie, puisque Bailly appelle architecte du monde, celui qui accomplira le travail que je viens de terminer. Du reste, la tâche que je me suis donnée, et ce qui a été fait avant moi sont assez bien précisés dans l'introduction de ma Cosmogonie en vers. La voici :

Képler, Newton, Laplace, en leurs écrits savants,
Nous montrent quelles lois règlent les mouvements
Du globe où nous vivons, des changeantes planètes
Et des astres errants que l'on nomme comètes.
D'un télescope armé, l'infatigable Herschell,
Fait le dénombrement des étoiles du ciel,
Il les voit se mouvoir, s'accroître, sembler naître,
Changer, briller, pâlir, décliner, disparaître.
Il sait par des moyens simples, ingénieux,
Nous faire mesurer l'immensité des cieux.
Mais il ne nous dit pas, quand, comment la matière
A formé tous ces corps qui lancent la lumière ;

fonde de la matière. Sans doute parce que je fais engendrer par le Soleil, les planètes et les satellites :

Tantæ molis erat mihi parvo condere mundum.

Je crois devoir dire ici que c'est un ingénieur, M. Coffyn (capitaine du génie) qui le premier, il y a six ans, a connu, compris et goûté ma théorie. Je le remercie aujourd'hui du plaisir qu'il me fit alors.

Il ne fait pas savoir quel céleste moteur,
De chaque mouvement des astres, fut l'auteur.
Eh bien! chez les savants sans renommée aucune,
Moi, je vais dans ces vers remplir cette lacune.

Je crois que si la lacune dont il s'agit, n'a pas été tout-à-fait remplie dans ma Cosmogonie en vers, elle l'est dans le présent travail; car j'ai beau chercher, je ne trouve pas un seul fait cosmique qui ne trouve son explication dans ma théorie.

Je confesse que sans les Notices scientifiques d'Arago, jamais je ne me serais avisé de m'occuper de Cosmogonie, et que, si j'avais toujours été dans une grande école d'artillerie, j'aurais continué à me bourrer de balistique et je n'aurais pas eu comme je l'ai eu à Valenciennes, le loisir de m'occuper de sciences naturelles.

Puisque j'ai donné au lecteur l'introduction de ma Cosmogonie en vers, je vais transcrire ici encore comme un nouveau spécimen de cet ouvrage l'article qui le termine.

FIN DES MONDES, CHAOS.

De ces astres pourtant, quel sera le destin?
Tous ayant commencé, tous auront une fin.
Sur chacun la matière, ou gazeuze, ou liquide,
Froidissant, finira par devenir solide
Et ce sera la mort pour ces astres divers;
Alors rien ne vivra dans le morne univers.
De ces corps expulsé, le puissant calorique,
Y rentrant, produira l'étincelle électrique.

Ces cadavres blafards seront tous foudroyés,
Mis en éclats, ou bien en poussière broyés.
De nouveau la chaleur en gaz viendra dissoudre
La matière des corps que l'éther mit en poudre :
Mais de nombreux débris dans l'espace lancés,
S'y mouvant dans le gaz, bientôt seront fixés.
Petits et très-nombreux, ils tiendront peu de place ;
Gros, mais en moindre nombre, ils auront plus d'espace.
D'une strate lactée, ils seront les aimants,
Ou d'énormes Soleils les premiers éléments.

Mais un nouveau chaos en ce moment commence,
Et des mondes précède ainsi la renaissance.

Je me retrouve au point d'où je partis d'abord,
J'ai donc fini ma course et rentre dans le port.

FIN.

FINALE.

Eh! comment? tu finis et ne fais pas connaître,
De ce vaste univers et l'auteur et le maître.
Quoi, quand tout te le dit dans ma prose et mes vers,
Tu n'as pas deviné que Dieu c'est l'univers,
C'est l'esprit inhérent à chaque molécule
De tout corps animé, qui dans le ciel circule;
C'est l'âme qui remplit les vides spacieux,
Que laissent dans le ciel les astres radieux;

C'est le souffle qui fait que tout être respire
Et que tout ce qui vit vers le bien-être aspire;
C'est le génie actif de toute humanité,
Dans tout globe fini, dès qu'il est habité,
Dans les mondes divers, c'est le moteur immense
Qui fait que l'homme agit, se meut, ressent et pense,
Qui fait dans les forêts hurler les animaux,
Qui donne l'existence aux habitants des eaux,
Fait chanter dans les airs la gente volatile
Et courbe les replis de l'onduleux reptile;

Qui fait que l'arbre élève au ciel son front ombreux
Et recouvre le sol de ses rameaux nombreux,
Que dans l'air s'élevant ou rampant, chaque plante
Aspire en ses canaux la sève succulente.

Il est manifesté par chaque bienfaiteur,
Qui dans un globe enseigne à l'homme le bonheur.
Sur la Terre, il le fut par le divin Messie,
Qui lui fut annoncé par mainte prophétie.
Il le fut récemment par l'immortel Fourier,
Qui de l'appel du Christ s'occupa le premier.
Frappez, l'on ouvrira, nous dit le divin maître,
Cherchez, vous trouverez par surcroît le bien-être.
Fourier cherchant, trouva le remède divin
Qui sera le salut de tout le genre humain.

Il se dévoile encor dans tout cœur, quand il aime;
Car l'amour c'est l'attrait, et l'attrait c'est Dieu même.

Pourtant, veux-tu savoir en un mot ce qu'est Dieu :
C'est l'éther, c'est l'esprit qui domine en tout lieu.

Après avoir composé ma Cosmogonie en vers, je l'ai communiquée à un parent qui lui-même l'a montrée à un savant belge. Ce savant m'écrivit en vers quelques lignes dans lesquelles, tout en approuvant mon système, il me reprochait de ne pas faire intervenir Dieu dans la génération de l'univers. J'ai été d'autant plus sensible à ce reproche qui m'a été fait par d'autres personnes, que j'ai le sentiment religieux très-prononcé et que j'ai une connaissance parfaite de Dieu. En conséquence dans cette nouvelle rédaction de ma Cosmogonie, j'ai parlé de Dieu dès les premières pages; mais en terminant ma post-face, je ne me suis plus rappelé que j'avais fait dans mon travail un article sur Dieu et j'ai composé celui qui précède pour faire suite à ma Cosmogonie en vers.

Encore un mot sur Dieu.

Le premier homme qui a dit : *Dieu* est ce qui est, en a donné ma définition exacte ; mais pour connaître Dieu, il ne suffit pas de connaître tout ce qui est, il faut encore avoir la connaissance de ce qui a été, de ce qui sera. Eh bien ! ma Cosmogonie donne cette connaissance en ce qui concerne les faits cosmiques, elle complète ainsi l'Astronomie qui fait connaître jusqu'à un certain point *ce qui est* dans le même ordre de faits.

La vérité est aussi ce qui est, donc Dieu est la vérité ; ainsi le mensonge est non-seulement infâme, mais il est impie. La fraude est non-seulement ignoble, mais elle est sacrilége. La diplomatie est non-seulement une honte pour les nations, mais c'est un crime de lèse-divinité. Le règne de la vérité est le règne de Dieu ; mais la vérité ne peut régner chez les hommes, que lorsqu'ils n'auront plus intérêt à mentir, à se tromper les uns les autres, à nuire à leur prochain, à trouver leur bien dans le malheur d'autrui. Or, cela ne peut arriver que dans l'association intégrale du capital, du travail et du talent, telle que l'enseigne Fourier.

Quand je dis que Dieu est la vérité, ce n'est pas moi qui l'ai inventé ; cela résulte des paroles du Christ. Interrogé par Pilate, qui lui demandait : *Quid est* *veritas? Est vir qui adest* *! a-t-il répondu. Il a donc dit que lui-même était la vérité. Or, comme lui-même est le fils de Dieu, c'est-à-dire Dieu, il s'ensuit que la vérité c'est Dieu.

Louis-Philippe, en proclamant une charte *vérité*, et en y substituant une charte *mensonge*, a donc invoqué le nom de Dieu pour commettre un sacrilége. Double crime, si ce n'était une double erreur.

La République, si elle réalise sa devise, liberté, égalité, fraternité, fera régner la vérité; mais elle ne le pourra, ne craignons pas de le répéter, que par l'association qui ne fait le bonheur de chacun, qu'en amenant chacun à travailler au bonheur de tous.

Depuis que je connais la vérité, c'est-à-dire Dieu, je n'ai d'autre culte que celui de la vérité. Aussi m'a-t-on entendu dire plusieurs fois au comité : Je ne suis point de l'école de Talleyrand, qui dit que la parole a été donnée à l'homme pour cacher sa façon de penser, mais je dis que la parole a été donnée à l'homme pour manifester ce qu'il pense. Tout homme dont la parole est trompeuse abuse du don le plus précieux de la divinité. Quand je tenais ce langage, on me rapportait les paroles de Fontenelle : « Si j'avais les mains pleines de vérités, je me garderais bien de les ouvrir. » Je sais en effet, que l'on se nuit et qu'il y a parfois danger à dire la vérité ; mais il faut se dévouer et la proclamer pour en amener le règne et

* Chose remarquable, c'est que la demande de Pilate et la réponse du Christ s'écrivent avec les mêmes lettres.

faire avenir le bonheur de l'humanité. Ce n'est jamais le menteur qu'il faut détester, c'est le mensonge qu'il faut exécrer, c'est le fâcheux état de la société qui force l'homme à mentir, pour se procurer le bien-être auquel il a réellement droit.

J'entends déjà certaines personnes m'accuser de matérialisme, parce que j'ai dit que Dieu c'est l'éther, bien que d'abord, pour ne point froisser les idées reçues, j'aie évité d'appeler l'éther une matière, et que je le nomme esprit, âme, souffle, génie, moteur, amour, attrait. Eh bien! oui, Dieu est une matière subtile. Oui, notre âme est une matière, une portion de Dieu. Préféreriez-vous que Dieu ne fût rien du tout. Eh bien! Dieu est non-seulement la matière éthérée, c'est-à-dire le fluide universel; mais Dieu est encore ce qu'en commençant j'ai appelé la matière inerte, laquelle n'est autre chose que l'éther plus ou moins condensé, plus ou moins réductible ou irréductible en gaz, en éther subtil. Ainsi tout ce qui est c'est Dieu, c'est l'éther sous diverses formes, sous différents états. Notre âme est de l'éther approprié pour l'animation d'un corps humain. Si Dieu n'était pas une unité, s'il se composait de plusieurs éléments, il y aurait lutte, chacun voudrait être Dieu.

Quelle est donc votre religion? le christianisme le plus pur, l'adoration de l'homme Dieu, qui a enseigné le premier aux hommes l'amour, le pardon, la fraternité. Le monde sera sauvé quand tous les hommes seront chrétiens, non pas de nom seulement, mais de fait, mais de cœur. Architectes, bâtissez au Christ de nouveaux temples. Peintres, représentez dans vos tableaux les souffrances du rédempteur. Artistes, glorifiez l'homme Dieu dans vos œuvres. Poètes, célébrez ses bienfaits. Savants, étudiez la science qui doit faire le bonheur de l'humanité et que le Christ a annoncée en disant : *cherchez et vous trouverez*, Pie IX, épure le christianisme, sois pour l'époque actuelle le chef de la chrétienté et de la République italienne. Peuples, soyez tous frères. Rois, rentrez dans la vie privée, car vous méconnaissez, vous étouffez la voix du peuple ; or, la voix du peuple est la voix de Dieu.

Vox populi vox Dei.

VOILA MA RELIGION.

APPENDICE.

DERNIER MOT SUR L'ATTRACTION.

La masse du Soleil n'attire pas la masse de la Terre, comme le croient encore tous les astronomes. Voici ce qui a lieu :

La masse d'un astre quelconque ou plutôt l'*éther* engagé entre ses molécules attire et condense autour de sa surface l'*éther* qui remplit l'espace.

L'*éther* condensé autour d'un astre attire la masse d'un astre quelconque.

L'*éther* libre entre deux astres, repousse l'*éther* condensé autour de chacun de ses astres.

La couche d'*éther* condensé autour de chaque astre est d'autant plus considérable que la masse de cet astre est plus forte.

L'*éther* libre entre deux astres croît en raison de la distance de ces astres.

En outre l'*éther* libre étant celui qui n'est nullement condensé, la quantité de celui qui est réellement dans cet état, entre deux astres, augmente avec la distance de ces astres.

De là, il suit qu'il y a entre les astres une force attractive, qui croît avec la masse, et une force répulsive, qui croît pour deux causes avec la distance. Ce qui équivaut à une seule force attractive en raison directe des masses et inverse des quarrés des distances.

C'est bien la loi de Newton; mais ce ne sont point les masses qui s'attirent. Sans l'*éther*, elles resteraient éternellement à la distance où elles se trouvent les unes des autres.

L'*éther* est donc l'agent universel de tous les phénomènes de tous les genres. C'est donc Dieu; car si ce n'est pas Dieu, il y a un Dieu fainéant, qui laisse tout faire à cet agent. Or, ce n'est point admissible. Passe pour un roi fainéant, qui laisse gouverner un maire du palais; mais un Dieu fainéant! oh! c'est révoltant. Oui, Dieu est un Dieu travailleur.

Et vous, oisifs de la Terre? vous n'êtes point semblables à Dieu. Le peuple seul peut dire avec orgueil: *Je suis semblable à Dieu, je suis le collaborateur de Dieu.* Mais, *le jour approche où les hommes pratiqueront le code social, pour lequel Dieu les a créés, et où partagés en phalanstères comme les abeilles par ruches, ils travailleront tous volontairement et par attrait pour le bien-être de tous.*

NOTES.

(1) ..... de ma Cosmogonie. Préface, page VII.

Je demande des conseils et des avis ; mais la critique si facile et l'objection, quand même, je prie mes lecteurs de me les épargner, et pour les édifier à cet égard, je vais leur présenter sous forme d'apologue, ce que je pense *du Conseil, de la Critique et de l'Objection* que j'ai personnifiés.

Au commencement de 1845, j'imaginai un système particulier d'artillerie ; mais ne croyant pas le moment opportun de le proposer, je le gardai quelque temps dans mes cartons, et profitant de quelques loisirs, je le mis en vers. Après en avoir exposé une partie, voici ce que je disais :

Mais, l'oreille aux aguets, l'ardente Objection
Cherche à placer son mot en toute question.
Son dos chargé de *mais* porte une bosse énorme,
De l'artilleur parfois elle met l'uniforme ;
De là vint la méprise un jour d'un grand seigneur ;
Car, en appercevant de loin un artilleur,
Il dit, en le lorgnant, je crois Dieu me pardonne,
Voilà l'Objection arrivant en personne *.

* Le duc d'Orléans disait : Quand j'aperçois un officier d'artillerie je crois voir venir *une objection*. Il y a du vrai dans ces mots, mais il eût été plus exact de dire *un bon conseil*.

J'entends qu'elle me dit, mais c'est un très-grand tort
De vouloir au recul opposer le ressort;
Car à l'air, tout acier se recouvre de rouille
Et perd son épaisseur, alors qu'on l'en dépouille.
Qui vous dit que l'acier ne sera pas criqueux
Et soutiendra du tir l'effort impétueux?
En outre quand bien même, il n'aurait pas de crique
Par le tir il perdra de sa force élastique:
Alors, fonctionnant comme un inerte bloc,
Il n'amortira plus de la pièce le choc.
Mais ne pensez-vous pas à l'énorme dépense,
Où votre beau projet entraînerait la France?

A cette radoteuse en ces mots, je réponds:
Quand ils mènent au but, tous les moyens sont bons.
Opposez à la rouille une peinture neuve.
Garez-vous de la crique au moyen de l'épreuve.
Le ressort est-il mou, mettez-en un plus fort.
Quand il s'agit d'honneur l'économie a tort.

Oh! Oh! s'écrira-t-on, quel esprit indocile!
De le persuader il n'est guères facile.
— Je ne mérite pas un reproche pareil,
Je hais l'Objection; mais j'aime le Conseil,
Le Conseil, je le vois avec sa mine douce;
Ce n'est pas de blâmer, le désir qui le pousse;
Il brûle constamment d'ardeur pour le vrai bien
Et son esprit aimable au vôtre en aide vient.

Il me parle, j'écoute, et sa voix onctueuse,
Me donne du succès l'espérance flatteuse.
Il m'invite très-fort, à faire attention
A la difficulté de l'exécution.
Veillez sur tout, dit-il, à ce que la ferrure
Oppose sa longueur, à l'effort qu'elle endure,

Evitez à l'égal du plus grand des défauts,
Dans l'affût, le châssis, que l'effort porte à faux.
Au canon craignez peu, de prodiguer la masse.
A l'affût d'un grand poids vous pouvez faire grâce.
L'axe du tourillon, mon ami, croyez-m'en,
Doit de celui de l'arme être très-peu distant.
Mais ce projet exige une profonde étude,
Et des constructions une grande habitude :
Pour bien l'établir donc, à l'art ayez recours,
Et des praticiens empruntez le secours.

Je reconnais bien là le Conseil vraiment sage,
La Critique jamais tient-elle ce langage,
Pour chercher des défauts, elle ouvre de grands yeux,
Ne voit jamais le bien, n'indique pas le mieux.

Dans le même travail, je me débats ailleurs avec la critique en ces termes :

Mais je vois la Critique au cœur froid, à l'œil louche,
Pour blâmer ce projet, ouvrir déjà la bouche.
Charger par la culasse, ah! c'est fort beau vraiment!
Dit-elle, l'on connaît ce joli chargement.
A Saint-Thomas-d'Aquin, le curieux contemple
De ce beau procédé, quand il veut, maint exemple.
De leurs modèles là, le sort n'est pas très-doux;
On les y voit hélas! mêlés parmi les loups.
(Loup comme chacun sait, est le nom que l'on donne
A l'avorton honteux, qu'en grand n'a vu personne).
D'un sublime génie, oh! le brillant essor!
Arrêter le recul au moyen du ressort.
Ah! l'on peut l'affirmer, jamais l'artillerie
Ne donnera les mains à cette rêverie.
Critique, tu parlais déjà sur un tel ton,
Quand je disais jadis, suspendez le caisson.

Un jour d'être écouté, je conçois l'espérance;
Car du ressort on voit partout l'usage en France,
Et l'artilleur en vain fait le récalcitrant;
Il sera bien forcé de suivre le torrent.

Mais laissons en repos la revêche Critique,
Pour trouver à blâmer, stimuler sa logique.
Disons comment on peut par derrière charger
Et dompter le recul, pour l'affût sans danger.

Le lecteur se méprendrait, s'il croyait que je veux ici me poser en victime et me plaindre de l'artillerie; loin de là, je n'ai eu qu'à m'en louer, et si je n'ai pas reçu le grade de maréchal-de-camp, dont à l'unanimité elle m'a proclamé le plus digne, la faute en est au gouvernement, qui m'a déclaré par la bouche du plus jeune fils du roi, qu'on ne pouvait m'opposer aucun concurrent, mais seulement des considérations politiques. Je n'ai à regretter qu'une chose, c'est qu'on n'ait pas pris en considération certaines propositions, qu'encore aujourd'hui je crois dans l'intérêt de l'arme.

Puisque par ma Cosmogonie, je vais me mettre en relation avec mes chefs et mes camarades de l'artillerie, je profite de cette occasion, pour leur témoigner ma reconnaissance des bons procédés, dont je n'ai cessé d'être l'objet de leur part, pendant ma longue et laborieuse carrière dans l'arme.

(2) .... un pont jeté de l'un à l'autre. Page 24.

A Valenciennes, j'ai mis ma Cosmogonie en vers; voici comment j'y exposais la formation de l'anneau de Saturne:

— Appelé par Saturne à de nouveaux travaux,
Le grand volcan solaire, est sorti du repos,
Au-dessus de cet astre un jet de lave passe.
Derrière ce grand corps se projette sa trace,
Dont la distance au centre est égale au rayon
De ce corps pris pour un, plus une fraction.
De l'astre, l'humble jet subissant la puissance,
Autour de lui sa tête à circuler commence,
Quand sa queue est encor peu distante du flanc.
De l'astre, qui la vient d'étirer en sortant,
Un plus grand intervalle ensuite les sépare,
Et Saturne à la fin, tout-à-fait s'en empare.
Le jet, formant anneau, vrai symbole du temps,
Semble un serpent, qui tient sa queue entre ses dents.
Chaque point de ce jet, décrivant un orbite,
Se meut, comme ferait un simple satellite.
— Sous Saturne plus tard, le tout puissant Soleil
Lance un jet, qui bientôt forme un anneau pareil.
Cependant les anneaux par leur grandeur diffèrent,
Et longtemps écartés, de plus en plus se serrent.
Toutefois, tant que dure entr'eux l'écartement,
Dans Saturne, chacun produit un renflement,
Et quand il se revêt d'une écorce solide,
Cet astre déformé n'est plus un sphéroïde.
De même chaque anneau subit l'attraction
De cet astre puissant et par son action
S'épatant vers lui, prend une forme amincie,
Que garde de nos jours, sa matière durcie.

Enfin les deux anneaux par Saturne attirés,
Déjà ne tournent plus dans des plans séparés.

Ils ont un même centre, un vide circulaire
Sépare le petit du grand et de la sphère.

La tête d'une lave, après un tour complet
En rejoignant sa queue, a produit un bourlet.
Ce bourlet semble un pont d'une vaste structure,
Qu'entre les deux anneaux a jeté la nature.

Beaucoup de personnes pensent qu'on ne doit point mettre en vers un sujet scientifique. Elles ont raison, si les vers sont mauvais, ou si étant passables ils sont péniblement faits, mais elles ont tort selon moi, s'ils sont bons et rendent bien la pensée.

— La Cosmogonie est un sujet grandiose, digne de la verve poétique d'un Hugo ou d'un Lamartine. Du reste, voici ce que je disais à cet égard dans une dédicace de ma Défense des places, en vers, à un ami :

Où donc est-il écrit : ceci doit être en vers,
De rimer tel sujet, serait un grand travers.
Guidé par les conseils d'un homme de génie,
Daru, naguère, a mis en vers l'Astronomie,
Parce que le sujet d'une œuvre est instructif,
De ne point le rimer, est-ce donc un motif.
Et ne doit-on traiter en vers qu'un sujet fade,
Vêtu pompeusement d'un nom sonore en ade.

Daru se justifie d'avoir mis en vers l'Astronomie, dans quatre vers charmants que je ne puis m'empêcher de citer. Il parle d'Uranie :

Instruire est son partage, et suffit à sa gloire.
Elle permet pourtant qu'ami de la mémoire,
Doux charme de l'oreille, en doublant d'heureux sons
Le vers en traits plus vifs y grave ses leçons.

FIN DES NOTES.

POST-IMPRESSUM.

Je m'aperçois que, dans mon travail, j'ai omis de faire ressortir la principale cause sur laquelle est basé le principe fondamental de ma théorie, savoir : qu'un corps, lancé par le Soleil, peut n'y pas revenir, après chaque révolution.

Laplace a démontré que, dans le vide, un corps projeté par un astre y reviendrait toujours. Cela se passerait également ainsi, si le Soleil était entouré d'un milieu résistant, et dont la densité croîtrait en raison inverse de la distance à cet astre. Si donc cela n'a pas eu lieu, c'est que le mobile, parti du Soleil sous une forme excessivement allongée, s'en est rapproché sous la forme d'une sphère.

Voici comment, en 1843, j'exposais le phénomène dans ma Cosmogonie en vers :

Nous venons de le voir, le mobile allongé
De forme, dans son cours, a tout-à-fait changé.
Par l'attrait, il a pris la forme globulaire ;
Mais s'il était resté sous la forme annulaire*,
O des divines lois, inévitable effet !
Le mobile eût rejoint l'astre, dont il sortait ;

* La surface annulaire est celle qui est engendrée par une sphère, dont le centre se meut sur une courbe quelconque, quand bien même elle ne serait pas fermée.

Mais étant devenu d'un diamètre immense,
Il éprouve du gaz* bien plus de résistance,
Et par ce gaz épais, en dehors rejeté,
Sans toucher le Soleil, il passe à son côté,
Autour de lui circule, en déviant l'évite,
Et recommence après une nouvelle orbite.
Cette orbite a bien moins que l'autre de longueur;
Mais en revanche elle a plus qu'elle de largeur.
C'est que, près du Soleil, le gaz étant plus dense,
Ce gaz, pour résister, a bien plus de puissance.

Tous les orbes, après un certain laps de temps,
Dans leurs deux axes sont beaucoup moins différents;
Chaque orbe, devenant toujours moins excentrique,
Finirait par n'avoir plus qu'un foyer unique**.

Par conséquent, soit dans le vide, soit dans un milieu résistant et compressible, un corps, lancé par un astre, y retournerait, si, en s'en rapprochant, il n'éprouvait pas plus de résistance du milieu; c'est-à-dire si sa surface antérieure n'était pas plus grande, en revenant, qu'en partant.

Cette omission surprendra moins, si l'on sait que ma rédaction a été commencée le 24 février et terminée le 10 mars suivant, c'est-à-dire au milieu des préoccupations causées par la révolution de février.

Quand, en 1840, j'avais terminé ma première rédaction de ma Cosmogonie, je ne savais pas encore démontrer qu'un corps lancé par le Soleil pouvait n'y pas revenir; mais j'étais sûr que cela devait être ainsi, et, sans me casser la tête à en chercher la démonstration, j'attendais qu'elle me

* A cette époque, je croyais encore que la nébulosité solaire était une matière gazeuse.

** La courbe fermée, qui n'a qu'un foyer, c'est le cercle.

vînt par inspiration. Environ six mois après, elle m'est arrivée en effet, comme j'avais espéré, sans la chercher, quand je me promenais paisiblement sur les remparts de Valenciennes. Si elle m'était survenue étant dans le bain, je crois que, comme Archimède, j'en serais sorti de suite et j'aurais parcouru les rues, en criant: Je l'ai trouvée! je l'ai trouvée!... Ce que je me rappelle, c'est qu'après cette découverte je suis arrivé à la maison, haletant et tout en sueur.

Je ne puis cependant m'empêcher de remarquer ici que les savants, qui ont repoussé ma théorie à cause du principe sur lequel elle est fondée, sont excusables; car, pour qu'un corps lancé par le Soleil n'y revînt pas, il fallait deux circonstances bien imprévues: 1° que cet astre fût entouré d'un milieu résistant; 2° que le corps, parti sous forme allongée, retournât transformé en sphère. Mais je n'absous pas ceux qui m'ont condamné après avoir lu ma Cosmogonie en vers.

Comme mon article: *Planètes invisibles,* le seul relatif à ma théorie, qu'ait lu M. Leverrier, ne mentionne pas le changement de forme du corps lancé par le Soleil, mon courroux contre cet astronome n'était pas fondé. Je le reconnais avec plaisir.

De cette discussion, il suit que si l'on cherche les chances pour qu'on découvre la formation de notre système solaire, on trouve qu'elles sont si peu nombreuses qu'il aurait pu se passer bien des siècles avant qu'on découvrît la génération de l'univers.